KMO BIBLE
한국수학올림피아드 바이블 프리미엄 PREMIUM

제1권 정수론

류한영, 강형종, 이주형, 신인숙 지음

씨실과 날실

씨실과 날실은 도서출판 세화의 자매브랜드입니다.

KMOBIBLE을 만드신 선생님들 소개

류한영
멘사수학연구소 소장
(전) 경기과학고등학교 수학교사
주요사항
전국연합학력평가 출제위원 역임
경기도 수학경시대회 출제위원 역임
아주대학교 과학영재교육원 강사 역임
영재올림피아드 수학기본편, 동남문화사, 2005 공저
수리논술 생각타래, 진학에듀, 2005 공저
통합논술교과서, 시사영어사, 2007 공저
KMO FINAL TEST, 도서출판 세화, 2007 공저
올림피아드 초등수학 클래스, 씨실과날실, 2018 감수
올림피아드 중등수학 베스트, 씨실과날실, 2018 감수
101 대수, 씨실과날실, 2009, 감수
책으로부터의 문제(Problems from the book), 씨실과날실, 2010 감수
초등 · 중학 新 영재수학의 지름길, 씨실과날실, 2016, 2019 감수
e-mail : onezero10@hanmail.net

강형종
멘사수학연구소 부소장
(현) 경기과학고등학교 수학교사
주요사항
전국연합학력평가 출제위원 역임
경기도 수학경시대회 출제위원 역임
가천대학교 과학영재교육원 강사역임
수리논술 생각타래, 진학에듀, 2005 공저
KMO FINAL TEST, 도서출판 세화, 2007 공저
책으로부터의 문제(Problems from the book), 씨실과날실, 2010 감수
초등 · 중학 新 영재수학의 지름길, 씨실과날실, 2016, 2019 감수
e-mail : tamrakhj@hanmail.net

이주형
멘사수학연구소 경시팀장
주요사항
KMO FINAL TEST, 도서출판 세화, 2007 공저
365일 수학愛미치다(도형편), 씨실과날실, 2009 저
올림피아드 초등수학 클래스, 씨실과날실, 2018 감수
올림피아드 중등수학 베스트, 씨실과날실, 2018 감수
101 대수, 씨실과날실, 2009, 번역
책으로부터의 문제(Problems from the book), 씨실과날실, 2010 번역
초등 · 중학 新 영재수학의 지름길, 씨실과날실, 2016, 2019 감수
영재학교/과학고 합격수학, 씨실과날실, 2017, 공저
e-mail : buraqui.lee@gmail.com

신인숙
아주대학교 강의교수
주요사항
아주대학교 과학영재교육원 강사 역임
경기도 영재교육담당교원직무연수 강사 역임
올림피아드 초등수학 클래스, 씨실과날실, 2018 감수
올림피아드 중등수학 베스트, 씨실과날실, 2018 감수
101 대수, 씨실과날실, 2009 감수
책으로부터의 문제(Problems from the book), 씨실과날실, 2010 번역
초등 · 중학 新 영재수학의 지름길, 씨실과날실, 2016, 2019 감수
영재학교/과학고 합격수학, 씨실과날실, 2017, 공저
e-mail : isshin@ajou.ac.kr

이 책의 내용에 관하여 궁금한 점이나 상담을 원하시는 독자 여러분께서는 E-MAIL이나 전화로 연락을 주시거나 도서출판 세화 (www.sehwapub.co.kr) 게시판에 글을 남겨 주시면 적절한 확인 절차를 거쳐서 풀이에 관한 상세 설명이나 국내의 경시대회 일정 안내 등을 받을수 있습니다.

KMO BIBLE
한국수학올림피아드 바이블 [프리미엄] 제1권 정수론

도서출판세화 1판 1쇄 발행	2008년 1월 1일		(주)씨실과 날실 3판 1쇄 개정 · 증보판 발행	2013년 1월 15일
1판 4쇄 발행	2008년 7월 1일		4판 1쇄 개정판 발행	2014년 3월 10일
1판 5쇄 발행	2009년 1월 1일		5판 1쇄 개정판 발행	2015년 3월 10일
1판 6쇄 발행	2009년 4월 1일		6판 1쇄 개정판 발행	2016년 9월 10일
1판 7쇄 발행	2010년 3월 10일		7판 1쇄 개정판 발행	2018년 1월 30일
2판 1쇄 개정 · 증보판 발행	2011년 3월 20일		8판 1쇄 개정판 발행	2019년 7월 20일
2판 2쇄 발행	2012년 1월 1일		9판 1쇄 개정판 발행	2021년 2월 10일
			9판 2쇄 발행	2023년 6월 10일

저자 | 류한영, 강형종, 이주형, 신인숙 **펴낸이** | 구정자
펴낸곳 | (주)씨실과 날실 **출판등록** |(등록번호: 2007.6.15 제302-2007-000035호)
주소 | 경기도 파주시 회동길 325-22(서패동 469-2) 1층 **전화** | (031)955-9445 **fax** | (031)955-9446

판매대행 | 도서출판 세화 **출판등록** |(등록번호: 1978.12.26 제1-338호)
구입문의 | (031)955-9331~2 **편집부** | (031)955-9333 **fax** | (031)955-9334
주소 | 경기도 파주시 회동길 325-22(서패동 469-2)

정가 15,000원

KMO BIBLE

한국수학올림피아드 바이블 프리미엄 PREMIUM

제1권 정수론

머리말

KMO BIBLE 프림미엄 시리즈를 발간하면서

수학은 자연과학을 가장 잘 표현하는 언어입니다. 우리가 일상생활을 하면서 늘 가까이 느끼고 같이 숨쉬고 있는 학문입니다. 이와 같이 기본적이면서도 가장 중요한 학문인 수학에 관심 있고, 열정 있는 학생들을 위하여 각 나라마다 수학올림피아드가 매년 개최됩니다. 수학영재를 발굴하고 자신의 수학적 재능을 표현할 수 있는 수학올림피아드 준비하는 학생, 과학영재교육원 시험 준비생, 특목고 준비생들에게 조금이나마 도움이 되길 바라는 마음으로 이 책을 출간하게 되었습니다.

한국수학올림피아드(The Korea Mathematical Olympiad, KMO)는 대한수학회에서 주관하며, 중등부, 고등부 구분하여 1차시험과 2차시험으로 나누어져 있습니다. 2006년도부터 1차시험은 주관식 단답형 20문항, 100점 만점으로 구성되어 있고, 각 문항의 배점은 난이도에 따라 4점, 5점, 6점으로 구성되어 있으며, 답안은 OMR 카드에 주관식 단답형(000 999)으로 기재하게 되어 있습니다. 2차시험은 오전, 오후로 나눠서 2시간 30분동안 4문항씩 총 8문항, 56점 만점으로 구성되어 있고, 각 문항의 배점은 7점이며, 주관식 서술형으로 되어 있습니다. 본 대회의 출제범위는 국제수학올림피아드(IMO)의 출제범위와 동일하며 기하, 정수론, 함수 및 부등식, 조합 등 4분야로 나누어 문제가 출제됩니다. (미적분은 제외됩니다.) 중등부에서는 고등부보다는 다소 적은 수학적 지식을 갖고도 풀 수 있는 문제가 출제됩니다. 중등부 한국수학올림피아드 응시 지원대상은 (1) 중학교 재학생 또는 이에 준하는 자, (2) 탁월한 수학적 재능이 있는 초등학생입니다. 또한 2008년도부터는 중등부와 고등부 동상 입상자에게 한국수학올림피아드 2차 시험 응시자격을 부여하고, 한국수학올림피아드 최종시험은 KMO 2차시험 고등부 금, 은, 동상 수상자 및 중등부 금상 이상 수상자에게 응시자격이 부여합니다. 국제수학올림피아드(International Mathematical Olympiad, IMO)는 1950년에 창설되었고, 한 나라의 기초과학 또는 과학교육 수준을 가늠하는 국제 청소년 수학경시대회로서 대회를

통하여 수학영재의 조기발굴 및 육성, 세계 수학자 및 수학 영재들의 국제 친선 및 문화교류, 수학교육의 정보교환 등을 목적으로 합니다. 1959년 루마니아에서 동구권 7개국 참가로 시작된 본 대회는 국제과학올림피아드 중에서도 가장 전통있는 대회로 참가국이 구주, 미주, 아주지역으로 점차 확대되었습니다. 우리나라는 지난 1988년 제 29회 호주대회에 처음 참가하였고, 제 41회 국제수학올림피아드(IMO-2000)은 대전에서 개최하였습니다. 매년 참가하여 꾸준히 좋은 성적을 거두고 있으며 6명의 대표를 선출하여 참가하고 있습니다.

본 교재의 시리즈는 제1권 정수론, 제2권 대수(함수 및 부등식), 제3권 기하, 제4권 조합, 제5권 1차 모의고사, 제6권 2차 모의고사 총 6권으로 구성되었으며, 각 권마다 KMO에 필요한 개념정리를 통해서 KMO 1차시험과 2차시험에 필요한 필수 내용을 학습할 수 있게 하였고, KMO를 비롯한 IMO, 미국, 캐나다, 러시아 등 세계 여러 나라의 올림피아드 문제와 국내 유명 대학에서 실시하고 있는 수학경시대회의 문제를 예제, 연습문제, 종합문제에 포함시켜 실전 감각을 높이고자 하였습니다. 또한, 연습문제와 종합문제에는 별도의 표시(★)를 하여 문제의 난이도 및 중요도를 알 수 있게 하였습니다.

본 교재의 출판을 맡아주신 (주) 씨실과 날실 관계자 여러분께 심심한 사의를 표합니다. 아무쪼록 이 책이 수학올림피아드 준비하는 학생 여러분들에게 조금이나마 도움이 되길 바랍니다. 끝으로, 수학올림피아드, 영재학교 대비 교재 등의 출간에 열정적으로 일 하시다가 갑작스럽게 운명을 달리하신 故 박정석 사장님의 명복을 빕니다.

저자 일동

일러두기

약어 설명

- AHSME : 미국고교수학시험

- AMO : 호주수학올림피아드

- APMO : 아시아-태평양 수학올림피아드

- ARML : 미국지역수학리그

- Baltic : Baltic Ways

- BMO : 영국수학올림피아드

- ChMO : 중국수학올림피아드

- CMO : 캐나다수학올림피아드

- CRUX : CRUX Mathematicorum with Mathematical Mayhem

- FHMC : Five Hundred Mathematical Challenges

- HKMO : 홍콩수학올림피아드

- HKPSC : IMO 홍콩대표선발시험

- HMMT : 하버드-MIT 수학토너먼트

- HMO : 헝가리수학올림피아드

- IMO : 국제수학올림피아드

- IrMO : 이란수학올림피아드

- ItMO : 이탈리아수학올림피아드

- JMO : 일본수학올림피아드

- KMO : 한국수학올림피아드

- MathRef : Mathematical Reflections

- PMO : 폴란드수학올림피아드

- RMO : 러시아수학올림피아드

- RoMO : 루마니아수학올림피아드

- USAMO : 미국수학올림피아드

- VMO : 베트남수학올림피아드

기호 설명

- $\mathbb{N}$: 자연수(양의 정수)의 집합

- $\mathbb{Z}$: 정수의 집합

- $\mathbb{Q}$: 유리수의 집합

- $\mathbb{R}$: 실수의 집합

- $a \mid b$: 정수 b는 정수 a로 나누어 떨어진다.

- $\displaystyle\sum_{k=1}^{n} k = 1 + 2 + \cdots + n.$

- $\displaystyle\prod_{k=1}^{n} k = 1 \times 2 \times \cdots \times n.$

- $a \equiv b \pmod{m}$: 정수 a, b가 법 m에 대하여 합동이다.

- $\gcd(a, b)$: 정수 a와 b의 최대공약수

- $\text{lcm}(a, b)$: 정수 a와 b의 최소공배수

- $\phi(m)$: 양의 정수 m과 서로 소인 m이하의 양의 정수의 개수

차 례

제 1 장   나누어떨어짐(정제, Divisibility)   **1**

제 1 절   수학적 귀납법의 원리 1

제 2 절   나누어떨어짐 7

제 3 절   최대공약수와 유클리드 호제법 16

제 4 절   소수와 산술의 기본정리 33

제 5 절   디오판틴 방정식 51

제 6 절   가우스 함수(최대정수함수) 54

제 7 절   연습문제 63

       연습문제 풀이 86

제 2 장   합동(Congruence)   **107**

제 1 절   합동과 법 107

제 2 절   일차합동식의 해법 112

제 3 절   오일러의 ϕ-함수와 오일러의 정리 116

제 4 절   윌슨의 정리와 페르마의 작은 정리 124

제 5 절   중국인의 나머지 정리 128

제 6 절   2차 잉여 134

제 7 절   연습문제 139

       연습문제 풀이 157

제 3 장   부정방정식의 해법   **173**

제 1 절   인수분해나 식의 변형을 이용하는 형태 174

제 2 절   잉여계를 이용한 형태 184

제 3 절   무한강하법 189

제 4 절   부등식의 영역을 이용하는 방법 193

제 5 절   연습문제 197

연습문제 풀이 205

제 4 장   종합문제   **213**

종합문제 풀이 257

참고문헌   **301**

찾아보기   **307**

제 1 장

나누어떨어짐(정제, Divisibility)

제 1 절   수학적 귀납법의 원리

- 이 절의 주요 내용

  • 수학적 귀납법의 원리

정리 1.1 (수학적 귀납법의 원리(Mathematical Induction)) 양의 정수 n에 대하여 정의된 명제 $P(n)$이 다음 두 조건을 만족시킨다고 하자.

 (1) $P(1)$은 참이다.

 (2) 어떤 양의 정수 k에 대하여 $P(k)$가 참이면, $P(k+1)$ 또한 참이다.

그러면 모든 양의 정수 n에 대하여 $P(n)$은 참이다.

예제 1.2 모든 자연수 n에 대하여 $1 + 3 + 5 + \cdots + (2n - 1) = n^2$이 성립함을 증명하여라.

풀이 :

 (i) $n = 1$일 때, 양변이 모두 1이므로 성립한다.

 (ii) $n = k$일 때, 성립한다고 가정하자. 즉

$$1 + 3 + 5 + \cdots + (2k - 1) = k^2 \tag{1}$$

이다. 이제 $n = k + 1$일 때를 살펴보자. 식 (1)으로부터

$$1 + 3 + 5 + \cdots + (2k - 1) + [2(k + 1) - 1] = [1 + 3 + 5 + \cdots + (2k - 1)] + (2k + 1)$$
$$= k^2 + (2k + 1) = (k + 1)^2$$

임을 알 수 있다.

따라서 정리 1.1에 의하여 모든 자연수 n에 대하여 $1+3+5+\cdots+(2n-1) = n^2$이 성립한다.
□

예제 1.3 양의 정수 n에 대하여 $11 \mid (23^n - 1)$이 성립함을 증명하여라.

풀이 :

 (i) $n = 1$일 때, $23^1 - 1 = 22$이므로 $11 \mid (23^1 - 1)$이다.

 (ii) $n = k$일 때, 성립한다고 가정하자. 즉 $11 \mid (23^k - 1)$이다. 이제 $n = k + 1$일 때를 살펴보자. $11 \mid (23^k - 1)$이므로, $23^{k+1} - 1 = 23 \cdot 23^k - 1 = 11 \cdot 2 \cdot 23^k + (23^k - 1)$이 되어 $11 \mid (23^{k+1} - 1)$이 성립함을 알 수 있다.

따라서 정리 1.1에 의하여 모든 자연수 n에 대하여 $11 \mid (23^n - 1)$이 성립한다.   □

정리 1.4 (수학적 귀납법의 원리 (1)) 정수 n에 대하여 정의된 명제 $P(n)$이 다음 두 조건을 만족시킨다고 하자.

  (i) 어떤 정수 c에 대하여, $P(c)$는 참이다.

  (ii) $n \geq c$인 임의의 정수 n에 대하여, $P(n)$이 참이면, $P(n+1)$도 참이다.

그러면 $n \geq c$인 모든 정수 n에 대하여 $P(n)$은 참이다.

예제 1.5 $n \geq 5$인 모든 자연수에 대하여 $2^n > n^2$이 성립함을 증명하여라.

풀이 :

  (i) $n = 5$일 때, $2^5 = 32 > 25 = 5^2$이므로 참이다.

  (ii) $k \geq 5$인 정수 k에 대하여 $2^k > k^2$이 성립한다고 가정하자. 그러면 $2^{k+1} = 2 \cdot 2^k > 2k^2 > (k+1)^2$이다. 마지막 부등식은 $k \geq 5$이므로, $2k^2 - (k+1)^2 = (k-1)^2 - 2 > 0$ 이므로 성립한다.

따라서 정리 1.4에 의하여 $n \geq 5$인 모든 자연수에 대하여 $2^n > n^2$이 성립한다. $\square$

정리 1.6 (수학적 귀납법의 원리 (2)) 정수 n에 대하여 정의된 명제 $P(n)$이 다음 두 조건을 만족시킨다고 하자.

  (i) $P(1)$과 $P(2)$가 참이다.

  (ii) 양의 정수 k에 대하여 $P(k)$와 $P(k+1)$가 참이면, $P(k+2)$도 참이다.

그러면 모든 양의 정수 n에 대하여 $P(n)$은 참이다.

예제 1.7 수열 $\{a_n\}$이 $a_1 = 5, a_2 = 13$이고, 모든 자연수 n에 대하여 $a_{n+2} = 5a_{n+1} - 6a_n$을 만족한다고 할 때, $a_n = 2^n + 3^n$임을 증명하여라.

풀이 :

(i) $a_1 = 5 = 2^1 + 3^1$, $a_2 = 13 = 2^2 + 3^2$이므로 $P(1), P(2)$가 참이다.

(ii) 양의 정수 k에 대하여 $a_k = 2^k + 3^k$, $a_{k+1} = 2^{k+1} + 3^{k+1}$이 성립한다고 하자. 그러면

$$a_{k+2} = 5a_{k+1} - 6a_k = 5(2^{k+1} + 3^{k+1}) - 6(2^k + 3^k)$$
$$= 4 \cdot 2^k + 9 \cdot 3^k = 2^{k+2} + 3^{k+2}$$

가 되어 $P(k+2)$도 참이다.

따라서 정리 1.6에 의하여 모든 양의 정수 n에 대하여 $a_n = 2^n + 3^n$이 성립한다.   □

정리 1.8 (수학적 귀납법의 원리 (3)) 정수 n에 대하여 정의된 명제 $P(n)$이 다음 두 조건을 만족시킨다고 하자.

(i) $P(1)$과 $P(2)$가 참이다.

(ii) 양의 정수 k에 대하여 $P(k)$가 참이면, $P(k+2)$도 참이다.

그러면 모든 양의 정수 n에 대하여 $P(n)$은 참이다.

예제 1.9 모든 양의 정수 n에 대하여, $x^2 + y^2 + z^2 = 14^n$을 만족하는 서로 다른 정수 x, y, z 가 존재함을 증명하여라.

풀이 :

(i) $1^2 + 2^2 + 3^2 = 14$, $4^2 + 6^2 + 12^2 = 14^2$이므로 $P(1), P(2)$가 참이다.

(ii) 양의 정수 k에 대하여 $x_0^2 + y_0^2 + z_0^2 = 14^k$를 만족하는 서로 다른 정수 x_0, y_0, z_0이 존재한다고 하자. $n = k + 2$일 때, $(14x_0)^2 + (14y_0)^2 + (14z_0)^2 = 14^{k+2}$가 되어 $P(k+2)$도 참이다.

따라서 정리 1.8에 의하여 모든 양의 정수 n에 대하여, $x^2 + y^2 + z^2 = 14^n$을 만족하는 서로 다른 정수 x, y, z가 존재한다.   □

정리 1.10 (수학적 귀납법의 원리 (4)) 정수 n에 대하여 정의된 명제 $P(n)$이 다음 두 조건을 만족시킨다고 하자.

(i) $P(1)$이 참이다.

(ii) 양의 정수 k에 대하여 $P(1), P(2), \cdots, P(k)$가 모두 참이면, $P(k+1)$도 참이다.

그러면 모든 양의 정수 n에 대하여 $P(n)$은 참이다.

예제 1.11 (APMO, '1999) 실수들의 수열 $a_1, a_2, \cdots$가 $a_{i+j} \leq a_i + a_j$(단, $i, j = 1, 2, \cdots$)를 만족할 때, 모든 양의 정수 n에 대하여 $a_1 + \dfrac{a_2}{2} + \dfrac{a_3}{3} + \cdots + \dfrac{a_n}{n} \geq a_n$이 성립함을 증명하여라.

풀이 :

(i) $n = 1$일 때, $a_1 \geq a_1$이 되어 $P(1)$은 참이다.

(ii) $n = 1, 2, \cdots, k$에 대하여 참이라고 하자. 그러면

$$a_1 \geq a_1$$
$$a_1 + \frac{a_2}{2} \geq a_2$$
$$\vdots$$
$$a_1 + \frac{a_2}{2} + \cdots + \frac{a_k}{k} \geq a_k$$

가 성립한다. 양변을 변변 더하면

$$ka_1 + (k-1)\frac{a_2}{2} + \cdots + \frac{a_k}{k} \geq a_1 + a_2 + \cdots + a_k$$

가 성립한다. 양변에 $a_1 + a_2 + \cdots + a_k$를 더하고 정리하면,

$$\begin{aligned}
(k+1)\left(a_1 + \frac{a_2}{2} + \cdots + \frac{a_k}{k}\right) &\geq 2(a_1 + a_2 + \cdots + a_k) \\
&= (a_1 + a_k) + (a_2 + a_{k-1}) + \cdots + (a_k + a_1) \\
&\geq k a_{k+1}
\end{aligned}$$

이다. 양변에 a_{k+1}를 더하면

$$(k+1)\left(a_1 + \frac{a_2}{2} + \cdots + \frac{a_k}{k} + \frac{a_{k+1}}{k+1}\right) \geq (k+1)a_{k+1}$$

이다. 즉, $P(k+1)$이 성립한다.

따라서 정리 1.10에 의하여 모든 양의 정수 n에 대하여 $a_1 + \frac{a_2}{2} + \frac{a_3}{3} + \cdots + \frac{a_n}{n} \geq a_n$이 성립한다. $\square$

제 2 절   나누어떨어짐(정제)

- 이 절의 주요 내용

- 약수(인수)와 배수

- 배수판정법

정의 1.12 $a, b \in \mathbb{Z}$일 때 $b = ac$인 정수 c가 존재하면, a가 b를 나눈다고 하고, $a \mid b$로 표시한다. 이 때, a를 b의 약수(divisor) 또는 인수(factor), b를 a의 배수(multiple)라 한다. 또, a가 b의 약수가 아닐 경우, $a \nmid b$로 표시한다.

보기 1.13 $251 \cdot 8 = 2008$이므로, $251 \mid 2008$이고, $(-7) \cdot (-287) = 2009$이므로 $-7 \mid 2009$이다.

명제 1.14 다음 명제가 성립한다.

(1) 0은 0이 아닌 모든 정수로 나누어 떨어진다.

(2) 1은 모든 정수를 나눈다. 또한 -1도 모든 정수를 나눈다.

(3) 0이 아닌 모든 정수는 자기 자신으로 자신을 나눈다.

증명 :

(1) $a \in \mathbb{Z}$이면, $a \cdot 0 = 0$이므로 $a \mid 0$이다.

(2) $a \in \mathbb{Z}$이면, $a \cdot 1 = a$, $(-a) \cdot (-1) = a$이므로 $1 \mid a$, $-1 \mid a$이다.

(3) $a \in \mathbb{Z}$이면, $a \cdot 1 = a$이므로 $a \mid a$이다. □

정리 1.15 x, y, $z \in \mathbb{Z}$에 대하여 다음이 성립한다.

(1) (반사율) $x \mid x$이다.

(2) (추이률) $x \mid y$, $y \mid z$이면 $x \mid z$이다.

(3) $x \mid y$, $y \neq 0$이면 $|x| \leq |y|$이다.

(4) $x \mid y$, $x \mid z$이면 임의의 정수 s, t에 대하여 $x \mid (sy + tz)$이다.

(5) $x \mid y$, $x \mid (y \pm z)$이면 $x \mid z$이다.

(6) $x \mid y$, $y \mid x$이면 $|x| = |y|$이다.

(7) $x \mid y$이고, $y \neq 0$이면 $\frac{y}{x} \mid y$이다.

(8) $z \neq 0$이면 $x \mid y$와 $xz \mid yz$는 동치이다.

증명 :

(1) $x = x \cdot 1$이므로, $x \mid x$이다.

(2) $x \mid y$, $y \mid z$이므로, $y = xs$, $z = yt$를 만족하는 정수 s, t가 존재한다. 또한, $z = yt = xst$ 이므로 $x \mid z$이다.

(3) $x \mid y$이므로, $y = xt$인 정수 t가 존재한다. 또한, $y \neq 0$이므로 $|t| \geq 1$이다. 그러므로 $|y| = |xt| = |x| \cdot |t| \geq |x|$이다.

(4) $x \mid y$, $x \mid z$이므로 $y = xa$, $z = xb$를 만족하는 정수 a, b가 존재한다. 그러므로 임의의 정수 s, t에 대하여, $sy = xas$, $tz = xbt$이고 $sy + tz = x(as + bt)$이다. 즉, $x \mid (sy + tz)$ 이다.

(5) $x \mid y$, $x \mid (y \pm z)$이므로, $y = xa$, $y \pm z = xb$를 만족하는 정수 a, b가 존재한다. $\pm z = xb - y = xb - xa = x(b - a)$가 되어, $z = \pm x(b - a)$가 된다. 따라서 $x \mid z$이다.

(6) $x \mid y$, $y \mid x$이므로 $y = xs$, $x = yt$를 만족하는 정수 s, t가 존재한다. 그런데, $x = yt = xts$이므로 $ts = 1$이다. 즉, $(s, t) = (1, 1), (-1, -1)$이다. 따라서 $x = y$ 또는 $x = -y$이다. 즉, $|x| = |y|$이다.

(7) $x \mid y$이므로, $y = xt$인 정수 t가 존재한다. 또한, $y \neq 0$이므로 $t \neq 0$이다. 따라서 $y = x \cdot \frac{y}{x}$가 된다. 즉, $\frac{y}{x} \mid y$이다.

(8) $x \mid y$이므로 $y = xs$인 정수 s가 존재한다. 양변에 z를 곱하면 $yz = xzs$가 되어 $xz \mid yz$이다. 역으로 $xz \mid yz$이므로 $yz = xzt$를 만족하는 정수 t가 존재하고, $z \neq 0$이므로 양변을 z로 나누면 $y = xt$가 되어 $x \mid y$이다. □

예제 1.16 x가 짝수일 때, $x^2 + 2x + 4$가 4로 나누어 떨어짐을 보여라.

풀이 : x가 짝수이므로, $2 \mid x$이다. $2 \mid x$이므로, $4 = 2 \cdot 2 \mid x \cdot x = x^2$, $4 = 2 \cdot 2 \mid 2 \cdot x = 2x$이다. 또한 $4 \mid 4$이다. 따라서 $4 \mid (x^2 + 2x + 4)$이다. □

정리 1.17 (배수 판정법) 정수 N을 10의 거듭제곱으로 표현하면,

$$N = a_n \cdot 10^n + a_{n-1} \cdot 10^{n-1} + \cdots + a_1 \cdot 10 + a_0$$

이다. 단, a_i는 0, 1, 2, $\cdots$, 9 중 하나이며, $i = 0, \cdots, n$이다.

(1) N이 2의 배수일 조건은 a_0가 0, 2, 4, 6, 8 중 하나의 수일 때이다. 즉, $2 \mid a_0$일 때이다.

(2) N이 3의 배수일 조건은 N의 각 자리 수들의 합이 3의 배수일 때이다. 즉, $3 \mid (a_n + a_{n-1} + \cdots + a_1 + a_0)$일 때이다.

(3) N이 4의 배수일 조건은 N의 십의 자리 이하 수(즉, $a_1 \cdot 10 + a_0$)가 4의 배수일 때이다. 즉, $4 \mid (a_1 \cdot 10 + a_0)$일 때이다.

(4) N이 5의 배수일 조건은 a_0가 $0, 5$ 중 하나의 수일 때이다. 즉, $5 \mid a_0$일 때이다.

(5) N이 6의 배수일 조건은 N이 2의 배수이면서 3의 배수일 때이다.

(6) N이 8의 배수일 조건은 N의 백의 자리 이하 수$(a_2 \cdot 10^2 + a_1 \cdot 10 + a_0)$가 8의 배수일 때이다. 즉, $8 \mid (a_2 \cdot 10^2 + a_1 \cdot 10 + a_0)$때이다.

(7) N이 9의 배수일 조건은 N의 각 자리 수들의 합이 9의 배수일 때이다. 즉, $9 \mid (a_n + a_{n-1} + \cdots + a_1 + a_0)$일 때이다.

(8) N이 10의 배수일 조건은 $a_0 = 0$일 때이다.

정리 1.18 (7의 배수 판정법) a_i는 $0, 1, 2, \cdots, 9$ 중 하나이며, $i = 0, \cdots, n$일 때,

$$N = a_n \cdot 10^n + a_{n-1} \cdot 10^{n-1} + \cdots + a_1 \cdot 10 + a_0$$

이라고 하자. N이 7의 배수일 조건은

- $i = 6k(k$는 음이 아닌 정수)인 숫자에는 1을 곱하고,

- $i = 6k + 1(k$는 음이 아닌 정수)인 숫자에는 3을 곱하고,

- $i = 6k + 2(k$는 음이 아닌 정수)인 숫자에는 2을 곱하고,

- $i = 6k + 3(k$는 음이 아닌 정수)인 숫자에는 -1 또는 6을 곱하고,

- $i = 6k + 4(k$는 음이 아닌 정수)인 숫자에는 -3 또는 4를 곱하고,

- $i = 6k + 5(k$는 음이 아닌 정수)인 숫자에는 -2 또는 5를 곱한 후

합한 수 $1 \cdot a_0 + 3 \cdot a_1 + 2 \cdot a_2 + (-1) \cdot a_3 + (-3) \cdot a_4 + (-2) \cdot a_5 + \cdots$가 7의 배수일 때이다.

증명 : 음이 아닌 정수 k에 대하여, $10^{6k} \equiv 1 \pmod 7$, $10^{6k+1} \equiv 3 \pmod 7$, $10^{6k+2} \equiv 2 \pmod 7$, $10^{6k+3} \equiv -1 \equiv 6 \pmod 7$, $10^{6k+4} \equiv -3 \equiv 4 \pmod 7$, $10^{6k+5} \equiv -2 \equiv 5 \pmod 7$ 의 사실을 이용하여 쉽게 보일 수 있다. 자세한 증명은 독자에게 맡긴다. $\square$

예제 1.19 (KMO, '2013) 각 자리의 수가 0 또는 1이고, 14의 배수인 양의 정수 중 가장 작은 것을 999로 나눈 나머지를 구하여라.

풀이 : 14의 배수는 2의 배수이면서 7의 배수이어야 한다. 그러므로 일의 자리 수는 반드시 0 이다. 7의 배수 판정법에 의하여 십의 자리 숫자와 만의 자리 숫자가 1로 같고, 나머지 자리 숫자가 0이면 주어진 조건을 만족하는 가장 작은 7의 배수이다. 즉, 10010이 각 자리의 수가 0 또는 1이고, 14의 배수인 양의 정수 중 가장 작은 수이다. 따라서 구하는 답은 10010을 999로 나눈 나머지인 20이다. $\square$

정리 1.20 (11의 배수 판정법) a_i는 $0, 1, 2, \cdots, 9$ 중 하나이며, $i = 0, \cdots, n$일 때,

$$N = a_n \cdot 10^n + a_{n-1} \cdot 10^{n-1} + \cdots + a_1 \cdot 10 + a_0$$

이라고 하자. N이 11의 배수일 조건은

- $i = 2k(k$는 음이 아닌 정수)인 숫자에는 1을 곱하고,

- $i = 2k+1(k$는 음이 아닌 정수)인 숫자에는 -1을 곱한 후

합한 수 $1 \cdot a_0 + (-1) \cdot a_1 + 1 \cdot a_2 + (-1) \cdot a_3 + 1 \cdot a_4 + \cdots$가 11의 배수일 때이다.

증명 : 음이 아닌 정수 k에 대하여, $10^{2k} \equiv 1 \pmod{11}$, $10^{2k+1} \equiv -1 \pmod{11}$의 사실을 이용하여 쉽게 보일 수 있다. 자세한 증명은 독자에게 맡긴다. $\square$

예제 1.21 여섯 자리 수 $\overline{abcabc}$가 7의 배수이면서, 11의 배수임을 증명하여라.

풀이 : $\overline{abc} = a \times 10^2 + b \times 10 + c \times 1$으로 표현하자. 그러면 $\overline{abcabc} = \overline{abc} \times 1001 = \overline{abc} \times 7 \times 11 \times 13$ 이므로, $\overline{abcabc}$는 7의 배수이면서, 11의 배수이다. □

예제 1.22 (KMO, '2011) 빨간색 카드가 7장, 파란색 카드가 10장, 노란색 카드가 15장 있다. 빨간색 카드에는 1, 2, $\cdots$, 7, 파란색 카드에는 1, 2, $\cdots$, 10, 노란색 카드에는 1, 2, $\cdots$, 15 중 하나의 숫자가 적혀 있고, 같은 색 카드에 적혀 있는 숫자는 서로 다르다. 빨간색, 파란색, 노란색의 카드를 각각 한 장씩 고를 때 세장의 카드에 적혀 있는 수의 합이 11의 배수가 되도록 하는 방법의 수를 구하여라.

풀이 : 빨간색, 파란색, 노란색에 적혀있는 수를 각각 r, b, y라 하면,

$$1 \leq r \leq 7, 1 \leq b \leq 10, 1 \leq y \leq 15$$

이다. $3 \leq r + b + y \leq 32$이므로 $r + b + y = 11$ 또는 22이다.

(i) $r + b + y = 11$일 경우, $r = 1, 2, 3, 4, 5, 6, 7$에 대하여, 각각 9개, 8개, 7개, 6개, 5개, 4개, 3개의 경우가 나오므로, 모두 42개이다.

(2) $r + b + y = 22$일 경우, $r = 1, 2, 3, 4, 5, 6, 7$에 대하여, 각각 5개, 6개, 7개, 8개, 9개, 10개, 10개의 경우가 나오므로, 모두 55개이다.

따라서 모두 97개이다.

예제 1.23 (KMO, '2014) 숫자 1, 2, 3, 4, 5, 6이 하나씩 적혀 있는 카드 여섯 장이 있다. 이 중 다섯 장의 카드를 나열하여 만들 수 있는 다섯 자리 수 중 6의 배수를 구하여라.

풀이 :

(i) 일의 자리 수가 2일 때, 3의 배수가 되기 위해서는 1, 3, 4, 5 또는 1, 4, 5, 6이 남은 자리 수가 되어야 하므로, 모두 $4! \times 2 = 48$가지이다.

(i) 일의 자리 수가 4일 때, 3의 배수가 되기 위해서는 1, 2, 3, 5 또는 1, 2, 5, 6이 남은 자리 수가 되어야 하므로, 모두 $4! \times 2 = 48$가지이다.

(i) 일의 자리 수가 6일 때, 3의 배수가 되기 위해서는 1, 2, 4, 5이 남은 자리 수가 되어야 하므로, 모두 $4! = 24$가지이다.

따라서 구하는 경우의 수는 120가지이다. □

예제 1.24 (KMO, '2016) 다음 조건을 만족하는 양의 정수 n의 개수를 구하여라

$$n은 \ k자리 \ 수이고, \ n의 \ 각 \ 자리의 \ 수의 \ 합이 \ 12(k-1)이다.$$

풀이 : n이 k자리 수이므로 $12(k-1) \le 9k$이다. 이를 풀면, $k \le 4$이다.

(i) $k = 1$일 때, 각 자리 수의 합이 0인 한 자리 양의 정수 n은 존재하지 않는다.

(ii) $k = 2$일 때, 각 자리 수의 합이 12인 두 자리 양의 정수 n은 39, 48, 57, 66, 75, 84, 93으로 모두 7개가 존재한다.

(iii) $k = 3$일 때, 각 자리 수의 합이 24인 세 자리 양의 정수 n은 699, 789, 798, 879, 888, 897, 969, 978, 987, 996으로 모두 10개가 존재한다.

(iv) $k = 4$일 때, 각 자리 수의 합이 36인 네 자리 양의 정수 n은 9999로 하나 존재한다.

따라서 구하는 양의 정수 n은 모두 18개이다. □

예제 1.25 (KMO, '2016) 다음 식의 값이 정수의 세제곱이 되도록 하는 가장 작은 양의 정수 n을 구하여라.

$$6n^2 - 192n + 1538$$

풀이 :

$$f(n) = 6n^2 - 192n + 1538 = 6(n^2 - 32n + 256) + 2 = 6(n - 16)^2 + 2$$

라고 하면 $n = 15$일 때, $f(15) = 2^3$이 된다. 그러므로 $n < 15$인 양의 정수 n에 대하여 $f(n)$에 세제곱수가 되는 n을 찾으면 된다. 그런데, $n < 15$인 양의 정수 n에 대하여 $f(n)$은 모두 세제곱수가 아니므로 구하는 가장 작은 양의 정수 n은 15이다.   □

예제 1.26 (KMO, '2017) 다음 세 조건을 모두 만족하는 세 자리 양의 정수를 큰 것부터 차례로 나열하였을 때, 여섯 번째 수를 구하여라.

(i) 어떤 자리의 수도 0이 아니다.

(ii) 12의 배수이다.

(iii) 십의 자리의 수와 백의 자리의 수를 서로 바꾸어도 12의 배수이다.

풀이 : 표를 만들어 풀자.

조건 (i), (ii)를 만족하는 수	조건 (iii)	12로 나눈 나머지	순서
996	996	0	첫번째
984	894	6	
972	792	0	두번째
948	498	6	
936	396	0	세번째
924	294	6	
912	192	0	네번째
888	888	0	다섯번째
876	786	6	
864	684	0	여섯번째

따라서 구하는 답은 864이다. $\square$

예제 1.27 (KMO, '2019) 여섯자리 양의 정수 $m = \overline{abcdef}$, $n = \overline{fabcde}$에 대하여 $4m = n$을 만족하는 m중에서 가장 큰 수를 1000으로 나눈 나머지를 구하여라. (단, $0 \leq a, b, c, d, e, f \leq 9$인 정수에 대하여, $\overline{abcdef} = 10^5 a + 10^4 b + 10^3 c + 10^2 d + 10e + f$이다.)

풀이 : 다섯 자리 양의 정수 $\overline{abcde}$를 k라 하자. 그러면 $4m = n$으로부터 $4(10k + f) = 100000f + k$이다. 이를 정리하면 $2564f = k$이다.

따라서 $m = 10k + f = 25641f$이고, m이 가장 클 때는 $f = 9$일 때로 $m = 230769$이다. 그러므로 구하는 답은 769이다. $\square$

예제 1.28 (KMO, '2019) 양의 정수 123456을 재배열하여 만든 여섯자리 정수 $\overline{abcdef}$ 중 다음 조건을 만족하는 가장 큰 수와 가장 작은 수의 합을 1000으로 나눈 나머지를 구하여라.

$\overline{ab}$는 2의 배수, $\overline{abc}$는 3의 배수, $\overline{abcd}$는 4의 배수, $\overline{abcde}$는 5의 배수, $\overline{abcdef}$는 6의 배수이다.

풀이 : 먼저 $\overline{abcde}$가 5의 배수이므로, $e = 5$이다.

$\overline{ab}$, $\overline{abcd}$, $\overline{abcdef}$가 모두 짝수이므로, b, d, f는 짝수이다. 그러므로 $a + c = 4$이다.

$\overline{abc}$가 3의 배수이므로, $b = 2$이다. $\overline{abcd}$가 4의 배수이므로 $c = 1$ 또는 $c = 3$이 가능하고, 두 경우 모두 $d = 6$이다. 즉, $f = 4$이다.

따라서 주어진 조건을 만족하는 가장 큰 수는 321654이고, 가장 작은 수는 123654이다.

그러므로 $321654 + 123654 = 445308$이고, 이를 1000으로 나눈 나머지는 308이다.

제 3 절   최대공약수와 유클리드 호제법

- 이 절의 주요 내용

- 최대공약수와 최소공배수, 서로 소

- 나눗셈 정리와 유클리드 호제법

- 진법

정의 1.29 $a, b, c \in \mathbb{Z}$일 때, $c \mid a$, $c \mid b$이면 c를 a, b의 공약수(common divisor)라 한다. 또, 그 중 가장 큰 것을 최대공약수(greatest common divisor)라 하고, $\gcd(a, b)$ 또는 간단히 (a, b)로 표시한다. $\gcd(a, b) = 1$일 때, a, b는 서로 소(relatively prime)라 한다.

정의 1.30 정수 a, b, c에 대하여 $a \mid c$, $b \mid c$이면, c를 a, b의 공배수(common multiple)라 한다. 또 가장 작은 공배수를 최소공배수(least common multiple)라 하고, $\mathrm{lcm}(a, b)$ 또는 간단히 $[a, b]$로 표시한다.

보기 1.31 $\gcd(2007, 446) = 223$, $\gcd(2008, 753) = 251$, $\gcd(2011, 349) = 1$.

명제 1.32 $a, b \in \mathbb{Z}$에 대하여 다음이 성립한다.

(1) $\gcd(a, b) \geq 1$.

(2) $\gcd(a, b) = \gcd(|a|, |b|)$.

(3) $\gcd(a, 0) = |a|$.

증명 :

(1) $1 \mid a$, $1 \mid b$이므로, $\gcd(a, b)$는 1보다 크거나 같다. 즉, $\gcd(a, b) \geq 1$이다.

(2) $x \mid a$와 $x \mid -a$는 동치이다. 즉, a와 $-a$는 같은 약수를 갖는다. 그러나, $|a|$는 a 또는 $-a$이고, a와 $|a|$는 같은 약수를 갖는다. 마찬가지로, b와 $|b|$가 같은 약수를 갖는다. 따라서 x가 a와 b의 공약수라는 것은 x가 $|a|$와 $|b|$의 공약수라는 것과 동치이다. 따라서 $\gcd(a, b) = \gcd(|a|, |b|)$이다.

(3) (2)로 부터 $\gcd(a, 0) = \gcd(|a|, 0)$이다. $|a| \cdot 0 = 0$이므로, $|a| \mid 0$이다. 또한, $|a| \mid |a|$이다. 따라서 $|a|$는 $|a|$와 0의 공약수이다. 그러므로 $|a| \leq \gcd(|a|, 0)$이다. 그런데, $\gcd(|a|, 0) \mid |a|$이고 $\gcd(|a|, 0)$와 $|a|$가 모두 양의 정수이므로, $\gcd(|a|, 0) \leq |a|$이어야 한다. 위 두 부등식으로부터 부터 $\gcd(|a|, 0) = |a|$이다. 따라서 $\gcd(a, 0) = \gcd(|a|, 0) = |a|$이다. □

정리 1.33 (나눗셈 정리(Division Algorithm)) 임의의 양의 정수 a와 정수 b에 대하여

$$b = qa + r, \qquad (0 \leq r < a)$$

를 만족시키는 정수 q, r이 유일하게 존재한다.

여기서, q를 몫(quotient), r을 나머지(remainder)라고 한다.

증명 : (존재성) 집합 $S = \{b - na \mid n \in \mathbb{Z}, b - na \geq 0\}$을 생각하자. 집합 S는 공집합이 아니고 $S \subset \mathbb{N} \cup \{0\}$이므로 S에는 가장 작은 원소가 존재한다. 그 원소를 r이라 하면 r는 S에 속하므로 적당한 정수 q에 대하여 $r = b - qa$의 꼴로 표시된다. 즉, $b = qa + r$이고, $r \geq 0$이다. 만약, $r \geq a$라 가정하면 $b - (q+1)a = r - a \geq 0$이므로 $b - (q+1)a \in S$이다. 그러나, $b - (q+1)a < r$이므로 r이 가장 작은 원소라는 사실에 모순이다. 따라서 $r < a$이다.

(유일성) 이제 q, r의 유일성을 보이자. 정수 q_1과 r_1이 $b = q_1a + r_1(0 \leq r_1 < a)$를 만족시킨다고 하자. 그러면 $q_1a + r_1 = qa + r$로 부터 $(q_1 - q)a = r - r_1$이다. 만약, $q_1 \neq q$라고 하면 $|a| \leq |q_1 - q| \cdot |a| = |(q_1 - q)a| = |r - r_1| < |a|$가 되어 모순이다. 그러므로 $q_1 = q$이고 $r_1 = r$이다. 따라서 q와 r이 유일하게 존재한다. □

보기 1.34   (1) 정리 1.33(나눗셈 정리)를 이용하여, 2008을 250으로 나누면

$$2008 = 8 \cdot 250 + 8.$$

몫은 8이고, 나머지는 8, $0 \leq 8 < 250$이다.

 (2) 정리 1.33(나눗셈 정리)를 이용하여, -2008을 250으로 나누면

$$-2008 = (-9) \cdot 250 + 242.$$

몫은 -9이고, 나머지는 242, $0 \leq 242 < 250$이다.

예제 1.35 (KMO, '2016) 양의 정수 n을 100으로 나눈 몫을 q, 나머지를 r이라 하자. $q^2 + r + 1$을 74로 나눈 몫이 $r + 1$이고 나머지는 q일 때, n을 1000으로 나눈 나머지를 구하여라.

풀이 : $q^2 + r + 1 = 74(r + 1) + q \ (0 \leq q < 74)$에서

$$q(q - 1) = 73(r + 1)$$

이다. 좌변은 소수 73의 배수이고, $q - 1 < 73$이므로, $q = 73$이다. 이를 위 식에 대입하여 풀면 $r = 71$이다. 따라서 $n = 100 \times 73 + 71 = 7371$이다. 그러므로 n을 1000으로 나눈 나머지는 371이다.   □

정리 1.36 $m, n \in \mathbb{Z}$에 대하여 $d = \gcd(m, n)$이면 $\gcd\left(\dfrac{m}{d}, \dfrac{n}{d}\right) = 1$이다.

증명 : $m = da$, $n = db$라고 놓으면

$$\gcd\left(\frac{m}{d}, \frac{n}{d}\right) = \gcd(a, b)$$

이다. $p > 0$가 $p \mid a$, $p \mid b$를 만족한다고 가정하자. 그러면

$$a = pe, \quad b = pf$$

를 만족하는 정수 e와 f가 존재한다. 따라서

$$m = dpe, \quad n = dpf$$

이다. 그러므로 dp는 m과 n의 공약수이다. d는 최대공약수이므로 $d \geq dp$이다. 따라서 $1 \geq p$ 이다. 즉, $p = 1$이다. 1는 a와 b의 유일한 양의 공약수이다. 따라서 1은 a와 b의 최대공약수이다. 즉,

$$\gcd\left(\frac{m}{d}, \frac{n}{d}\right) = \gcd(a, b) = 1$$

이다. □

정리 1.37 정수 m, n과 임의의 정수 k에 대하여 $\gcd(m, n) = \gcd(m + kn, n)$이다.

증명 : 만약 x가 m과 n의 공약수이면, $x \mid m$, $x \mid n$이다. 그래서 $x \mid kn$이고, 그러므로 $x \mid m + kn$이다. 따라서 x는 $m + kn$과 n의 공약수이다.

역으로, x가 $m + kn$과 n의 공약수이면, $x \mid (m + kn)$이고, $x \mid n$이다. 따라서 $x \mid kn$이고 그래서, $x \mid \{(m + kn) - kn\} = m$이다. 즉, x는 m과 n의 공약수이다. m, n과 $m + kn, n$은 같은 공약수 집합을 가지므로, 두 쌍은 같은 최대공약수를 가져야 한다. □

보기 1.38 $\gcd(42, 24) = 6$이고, $\gcd(42 + 5 \cdot 24, 24) = \gcd(162, 24) = 6$이다.

정리 1.39 (최대공약수의 성질) 임의의 양의 정수 a, b에 대해서, $ax + by = \gcd(a, b)$를 만족하는 정수 x, y가 존재한다. 더욱이, x, y가 임의의 정수일 때, $ax + by$는 $\gcd(a, b)$의 배수이다.

증명 : 집합 $S = \{ax + by \mid x, y \in \mathbb{Z}, ax + by > 0\}$을 생각하자. 집합 S는 자연수의 집합의 부분집합이고 공집합이 아니며, 이 집합에 속하는 가장 작은 원소를 d라 하면 적당한 정수 x, y에 대하여 $d = ax + by$이다.

이제, d가 최대공약수 $\gcd(a, b)$와 같음을 보이면 된다. $d > 0$이므로 정리 1.33(나눗셈 정리)에 의하여 $a = qd + r$, $0 \leq r < d$인 정수 q와 r이 존재한다.

그러면 $r = a - qd = a - q(ax + by) = (1 - qx)a - (qy)b$이므로, $r > 0$이라면 $r \in S$이고, $r < d$이 되어 d가 S의 가장 작은 원소라는 사실에 모순이 된다. 따라서 $r = 0$이고 $d \mid a$이다. 마찬가지로, $d \mid b$이다. 따라서 $d \mid \gcd(a, b)$이다.

한편 e가 a, b의 공약수이면 $e \mid (ax + by)$이고 $ax + by = d$이므로 $e \mid d$, 즉 $e \leq d$이다. 따라서 $d = \gcd(a, b)$이다. 즉, $ax + by = \gcd(a, b)$인 정수 x, y가 존재한다. $\square$

따름정리 1.40 (서로 소인 정수) 두 정수 a, b에 대하여 $\gcd(a, b) = 1$이면 $ax + by = 1$을 만족하는 정수 x, y가 존재한다. 또 역도 성립한다.

예제 1.41 세 정수 a, b, c에 대하여 $a \mid c$, $b \mid c$이고, $\gcd(a, b) = 1$이면 $ab \mid c$임을 증명하여라.

풀이 : $a \mid c$, $b \mid c$이므로, $c = as$, $c = bt$인 정수 s, t가 존재한다. 또, a와 b가 서로 소이므로 $ax + by = 1$인 정수 x, y가 존재한다. 여기서, $s = s \cdot 1 = s(ax + by) = sax + sby = btx + sby = b(tx + sy)$, 즉 $b \mid s$이다. 따라서 $s = bk$인 정수 k가 존재하므로 $c = abk$이다. 그러므로 $ab \mid c$ 이다. $\square$

정리 1.42 (유클리드 호제법(Euclidean Algorithm)) 두 양의 정수 a, b에 대하여

$$b = aq_1 + r_1, \quad 0 < r_1 < a$$

$$a = r_1 q_2 + r_2, \quad 0 < r_2 < r_1$$

$$r_1 = r_2 q_3 + r_3, \quad 0 < r_3 < r_2$$

$$\vdots$$

$$r_{n-2} = r_{n-1} q_n + r_n, \quad 0 < r_n < r_{n-1}$$

$$r_{n-1} = r_n q_{n+1}$$

일 때, a, b의 최대공약수는 r_n이다.

증명 : $b = aq_1 + r_1$이면 a, b의 약수는 a, r_1의 약수이다. 따라서 $\gcd(a, b) = \gcd(a, r_1)$이다. 마찬가지로, $\gcd(a, b) = \gcd(a, r_1) = (r_1, r_2) = \cdots = (r_{n-1}, r_n) = r_n$이다. $\square$

예제 1.43 2009와 246의 최대공약수를 유클리드 호제법으로 구하여라.

풀이 :

$$2009 = 246 \cdot 8 + 41$$

$$246 = 41 \cdot 6$$

이므로, 41이 두 수의 최대공약수가 된다. 즉, $\gcd(2009, 246) = 41$이다.　□

예제 1.44 $\dfrac{23}{9} = a + \dfrac{1}{b + \dfrac{1}{c + \dfrac{1}{d}}}$ 를 만족하는 자연수 a, b, c, d를 구하여라.

풀이1 :

$$23 = 2 \cdot 9 + 5 \qquad\qquad a = 2$$

$$9 = 1 \cdot 5 + 4 \qquad\qquad b = 1$$

$$5 = 1 \cdot 4 + 1 \qquad\qquad c = 1$$

$$4 = 4 \cdot 1 \qquad\qquad d = 4$$

이다. 즉, $a = 2$, $b = 1$, $c = 1$, $d = 4$이다.　□

풀이2 : 정리 1.42(유클리드 호제법)에 의하여,

$$
\begin{array}{c|cc|c}
a = 2 & 23 & 9 & 1 = b \\
& 18 & 5 & \\
\hline
c = 1 & 5 & 4 & 4 = d \\
& 4 & 4 & \\
\hline
& 1 & 0 &
\end{array}
$$

이다. 즉, $a = 2$, $b = 1$, $c = 1$, $d = 4$이다.　□

예제 1.45 (KMO, '2016) 다음 두 조건을 모두 만족하도록 좌표 평면의 제 1사분면에 있는 각 정수격자점에 수를 하나씩 쓸 때, $(2016, 1050)$의 위치에 쓰는 수를 구하여라. (단, 정수격자점은 x좌표와 y좌표가 모두 정수인 점)

(i) 점 (x, x)의 위치에는 x를 쓴다.

(ii) 점 (x, y), (y, x), $(x, x + y)$에는 모두 같은 수를 쓴다.

풀이 : 조건 (ii)로 부터 유클리드 호제법과 같은 원리임을 알 수 있다. 그러므로 (x, y)는 x와 y의 최대공약수를 의미한다.

$$2016 = 2^5 \times 3^2 \times 7, \quad 1050 = 2 \times 3 \times 5^2 \times 7$$

이므로 $(2016, 1050) = (42, 42)$이다. 따라서 (i)에 의하여 $(42, 42) = 42$이므로 $(2016, 1050) = 42$이다. $\square$

예제 1.46 (IMO, '1959) 모든 양의 정수 n에 대하여 $\dfrac{21n + 4}{14n + 3}$이 기약분수임을 보여라.

풀이 : $a(14n + 3) + b(21n + 4) = 1$을 만족하는 정수 a, b가 존재함을 보이면 된다. 실제로, $a = 3$, $b = -2$라 두면 모든 양의 정수 n에 대하여, $3(14n + 3) - 2(21n + 4) = 1$이다. 따라서 $21n + 4$, $14n + 3$은 서로 소이다. $\square$

예제 1.47 (KMO, '1988) 두 자연수 $a = 11,111,111$과 $b = 11,111,\cdots,111$(1이 1988개)의 최대공약수를 구하여라.

풀이 : $b = a(10^{1980} + 10^{1972} + \cdots + 10^4) + 1111$, $a = 1111(10^4 + 1) + 0$이므로, 정리 1.42(유클리드 호제법)에 의하여, a와 b의 최대공약수는 1111이다. $\square$

예제 1.48 (KMO, '2008) 다음과 같이 정의된 수열을 생각하자.

$$u_1 = 1, u_2 = 1; \quad u_{n+2} = u_{n+1} + u_n, n = 1, 2, 3, \cdots$$

이 때, 다음 두 정수의 최대공약수를 구하여라.

$$u_{2007} + u_{2008} + u_{2009} + u_{2010} + u_{2011} + u_{2012},$$

$$u_{2008} + u_{2009} + u_{2010} + u_{2011} + u_{2012} + u_{2013}.$$

풀이 : $a_n = u_n + u_{n+1} + u_{n+2} + u_{n+3} + u_{n+4} + u_{n+5}$라 하자. 그러면

$$a_{2007} = u_{2007} + u_{2008} + u_{2009} + u_{2010} + u_{2011} + u_{2012} \tag{1}$$

$$a_{2008} = u_{2008} + u_{2009} + u_{2010} + u_{2011} + u_{2012} + u_{2013} \tag{2}$$

이다. 또, 식 (2)는 주어진 수열의 정의에 의하여

$$a_{2008} = u_{2006} + u_{2007} + u_{2007} + u_{2008} + u_{2008} + u_{2009} + u_{2009} + u_{2010} + u_{2010} + u_{2011} + u_{2011} + u_{2012}$$

이다. 그러므로

$$a_{2008} - a_{2007} = u_{2006} + u_{2007} + u_{2008} + u_{2009} + u_{2010} + u_{2011} = a_{2006}$$

이다. 최대공약수의 성질 $\gcd(m, n) = \gcd(m, n - m)$에 의하여

$$\gcd(a_{2007}, a_{2008})$$
$$= \gcd(a_{2007}, a_{2006})$$
$$= \gcd(a_{2005}, a_{2006})$$

이와 같이 계속하면,

$$= \gcd(a_2, a_1)$$
$$= \gcd(u_7 + u_6 + u_5 + u_4 + u_3 + u_2, u_6 + u_5 + u_4 + u_3 + u_2 + u_1)$$
$$= \gcd(32, 20) = 4$$

이다. 따라서 구하는 최대공약수는 4이다. □

예제 1.49 (KMO, '2018) 양의 정수 a, b가 다음 두 조건을 모두 만족할 때, $a + b$의 값을 구하여라.

(i) $a^2 + b^2 + \gcd(a, b) = 582$

(ii) $ab + \mathrm{lcm}(a, b) = 432$

(단, $\gcd(x, y)$는 x, y의 최대공약수, $\mathrm{lcm}(x, y)$는 x, y의 최소공배수)

풀이 : 편의상 $a < b$라 가정하고, $\gcd(a, b) = d$라 하면, $a = dx$, $b = dy$, $\gcd(x, y) = 1$인 양의 정수 x, y가 존재한다. 그러면,

$$a^2 + b^2 + \gcd(a, b) = d^2x^2 + d^2y^2 + d = d(dx^2 + dy^2 + 1) = 582$$

$$ab + \mathrm{lcm}(a, b) = d^2xy + dxy = dxy(d + 1) = 432 \qquad (*)$$

이다. 그러므로 d는 $\gcd(582, 432) = 6$의 약수이다.

(가) $d = 1$일 때, $(*)$에서 $xy = 216$이고, 이때, $x = 8$, $y = 27$이다. 이를 (i)에 대입하면 만족하지 않는다.

(나) $d = 2$일 때, $(*)$에서 $xy = 72$이고, 이때, $x = 8$, $y = 9$이다. 이를 (i)에 대입하면 만족한다. 즉, $(a, b) = (16, 18)$이다.

(다) $d = 3$일 때, $(*)$에서 $xy = 36$이고, 이때, $x = 4$, $y = 9$이다. 이를 (i)에 대입하면 만족하지 않는다.

(라) $d = 6$일 때, $d + 1 = 7$이 되어 $(*)$에서 xy는 정수가 아니다.

따라서 $a + b$의 값은 34이다. □

예제 1.50 (KMO, '2018) 다음 조건을 만족하는 양의 정수 n 중 가장 작은 값을 구하여라.

$$n^3 + 7$$과 $$3n^2 + 3n + 1$$이 서로소가 아니다.

풀이 : $3n^2 + 3n + 1 = 3n(n+1) + 1$이므로 $3n^2 + 3n + 1$은 6과 서로소이다. 유클리드 호제법을 이용하면,

$$
\begin{aligned}
\gcd(n^3 + 7, 3n^2 + 3n + 1) &= \gcd(-3(n^3 + 7) + n(3n^2 + 3n + 1), 3n^2 + 3n + 1) \\
&= \gcd(3n^2 + n - 21, 3n^2 + 3n + 1) \\
&= \gcd(-(3n^2 + n - 21) + 3n^2 + 3n + 1, 3n^2 + 3n + 1) \\
&= \gcd(2n + 22, 3n^2 + 3n + 1) \\
&= \gcd(n + 11, 3n^2 + 3n + 1) \\
&= \gcd(n + 11, 3n^2 + 3n + 1 - (3n - 30)(n + 11)) \\
&= \gcd(n + 11, 331)
\end{aligned}
$$

이다. 331은 소수이므로 $n + 11$은 331의 배수이다. 따라서, n의 최솟값은 320이다. $\qquad\square$

예제 1.51 (KMO, '2008) 양의 정수 n에 대하여, $1 \leq a \leq n$인 정수 a 중에서 a도 n과 서로 소이고, $a + 1$도 n과 서로 소인 것들의 개수를 $k(n)$이라 하자. $k(n) = 15$를 만족시키는 가장 큰 양의 정수 n의 값을 구하여라.

풀이 : $n = p_1^{e_1} p_2^{e_2} p_3^{e_3} \cdots$라고 하자. 단, p_i는 서로 다른 소수, $e_i = 1, 2, \cdots$, $i = 1, 2, \cdots$이다. 그러면

$$
\begin{aligned}
k(n) &= \left(p_1^{e_1} \times \frac{p_1 - 2}{p_1} \right) \left(p_2^{e_2} \times \frac{p_2 - 2}{p_2} \right) \left(p_3^{e_3} \times \frac{p_3 - 2}{p_3} \right) \cdots \\
&= \{ p_1^{e_1 - 1} p_2^{e_2 - 1} p_3^{e_3 - 1} \cdots \} \times \{ (p_1 - 2)(p_2 - 2)(p_3 - 2) \cdots \}
\end{aligned}
$$

이다. $p_1 - 2$, $p_2 - 2$, $p_3 - 2$은 서로 다른 수이므로 $k(n) = 15$인 경우, $p_i - 2$로 가능한 값은 1, 3, 5, 15이다. 따라서 p_i로 가능한 값은 3, 5, 7, 17이다.

(i) n이 17을 최대소인수로 가질 때,

     (a) $17^{e_4-1} = 1$이면, $e_4 = 1$이다. 즉, $n = 17$이다.

     (b) $3^{e_1-1} \cdot 17^{e_4-1} = 1$이면, $e_1 = 1$, $e_4 = 1$이다. 즉, $n = 51$이다.

(ii) n이 7을 최대소인수로 가질 때,

     (a) $3^{e_1-1} \cdot 5^{e_2-1} \cdot 7^{e_3-1} = 1$이면, $e_1 = e_2 = e_3 = 1$이다. 즉, $n = 105$이다.

     (b) $5^{e_2-1} \cdot 7^{e_3-1} = 1$이면, $e_2 = e_3 = 1$이다. 즉, $n = 35$이다.

     (c) $3^{e_1-1} \cdot 7^{e_3-1} = 3$이면, $e_1 = 2$, $e_3 = 1$이다. 즉, $n = 3^2 \cdot 7 = 63$이다.

(iii) n이 5를 최대소인수로 가질 때,

     (a) $3^{e_1-1} \cdot 5^{e_2-1} = 5$이면, $e_1 = 1$, $e_2 = 2$이다. 즉, $n = 3 \cdot 5^2 = 75$이다.

     (b) $5^{e_2-1} = 5$이면, $e_2 = 2$이다. 즉, $n = 5^2 = 25$이다.

(iv) n이 3을 최대소인수로 가질 때, $\prod_{p|n}(p-2)$의 소인수 중 5가 없으므로 이 경우를 만족하는 n은 존재하지 않는다.

따라서 $k(n) = 15$을 만족시키는 가장 큰 양의 정수 n은 105이다. $\square$

예제 1.52 (KMO, '2016) 2016보다 작은 양의 정수 n 중에서

$$\frac{(2016 - n)! \times (n!)^2}{6^n}$$

의 값을 가장 작게 만드는 n의 값을 구하여라. (단, $n! = 1 \times 2 \times \cdots \times n$)

풀이 : $f(n) = \dfrac{(2016 - n)! \times (n!)^2}{6^n}$이라 하면, 부등식 $\dfrac{f(n)}{f(n+1)} = \dfrac{6(2016 - n)}{(n + 1)^2} > 1$를 풀면 $n(n+8) < 12095$이다. 그런데 $106 \times 114 = 12084$, $107 \times 115 = 12305$이므로 $f(106) > f(107)$, $f(107) < f(108)$이다. 따라서 구하는 n은 107이다. $\square$

예제 1.53 (KMO, '2010) 양의 정수 $7^{2^{20}} + 7^{2^{19}} + 1$은 소수인 약수를 21개 이상 가짐을 보여라.

풀이 : 먼저 다음과 같은 사실에 주목하자.

$$7^{2^{20}} + 7^{2^{19}} + 1 = (7^{2^{19}} + 1)^2 - 7^{2^{19}} = (7^{2^{19}} + 7^{2^{18}} + 1)(7^{2^{19}} - 7^{2^{18}} + 1).$$

또, 유클리드 호제법에 의하여

$$\gcd(7^{2^{n+1}} + 7^{2^n} + 1, 7^{2^{n+1}} - 7^{2^n} + 1) = \gcd(2 \cdot 7^{2^n}, 7^{2^{n+1}} - 7^{2^n} + 1)$$
$$= \gcd(7^{2^n}, 7^{2^{n+1}} - 7^{2^n} + 1)$$
$$= 1$$

이다. 따라서 $7^{2^{19}} + 7^{2^{18}} + 1$과 $7^{2^{19}} - 7^{2^{18}} + 1$의 소인수는 다르다. 그러므로

$$7^{2^{20}} + 7^{2^{19}} + 1$$
$$= (7^{2^1} + 7^{2^0} + 1)(7^{2^1} - 7^{2^0} + 1)(7^{2^2} - 7^{2^1} + 1) \cdots (7^{2^{18}} - 7^{2^{17}} + 1)(7^{2^{19}} - 7^{2^{18}} + 1)$$
$$= 3 \cdot 19 \cdot (7^{2^1} - 7^{2^0} + 1)(7^{2^2} - 7^{2^1} + 1) \cdots (7^{2^{18}} - 7^{2^{17}} + 1)(7^{2^{19}} - 7^{2^{18}} + 1)$$

이다. 따라서 $7^{2^{20}} + 7^{2^{19}} + 1$은 소수인 약수를 21개 이상 가진다. □

다음은 예제 1.53을 일반화 시킨 문제이다.

예제 1.54 (KMO, '2010) 모든 양의 정수 k에 대하여 $2^{2^k} + 2^{2^{k-1}} + 1$은 소수인 약수를 k개 이상 가짐을 보여라.

풀이 : 예제 1.53의 풀이로부터

$$2^{2^k} + 2^{2^{k-1}} + 1 = (2^{2^{k-1}} + 2^{2^{k-2}} + 1)(2^{2^{k-1}} - 2^{2^{k-2}} + 1)$$

이고,

$$\gcd(2^{2^{k-1}} + 2^{2^{k-2}} + 1, 2^{2^{k-1}} - 2^{2^{k-2}} + 1) = 1$$

임을 쉽게 알 수 있다. 이제, 수학적 귀납법의 원리로 증명하자.

(i) $k = 1$일 때, 살펴보자. $2^{2^1} + 2^{2^0} + 1 = 7$이므로, 참이다.

(ii) $k = n$일 때, 성립한다고 가정하자. 그러면 $2^{2^n} + 2^{2^{n-1}} + 1$는 n개 이상의 소수인 약수를 가진다.

(iii) $k = n + 1$일 때, 살펴보자. 그러면

$$2^{2^{n+1}} + 2^{2^n} + 1 = (2^{2^n} + 2^{2^{n-1}} + 1)(2^{2^n} - 2^{2^{n-1}} + 1)$$

이다. 또, $\gcd(2^{2^n} + 2^{2^{n-1}} + 1, 2^{2^n} - 2^{2^{n-1}} + 1) = 1$이므로, $2^{2^{n+1}} + 2^{2^n} + 1$은 $n + 1$개 이상의 소수인 약수를 가진다.

따라서 수학적 귀납법의 원리로부터 $2^{2^k} + 2^{2^{k-1}} + 1$은 소수인 약수를 k개 이상 가진다.   □

진법과 관련된 문제들도 KMO나 경시대회에 자주 등장한다. 이와 관련된 문제들을 살펴보자.

예제 1.55 (KMO, '2005) 256이하의 양의 정수 중 2진법으로 표현했을 때, 1이 홀수번 나타나는 것들의 총합을 나누는 가장 큰 홀수를 구하여라.

풀이 : $i \geq 2$인 정수 i에 대하여 $2^i \leq x < 2^{i+1}$인 x를 이진법으로 표현한 수의 1의 개수가 홀수개인 수의 총합과 짝수개인 수의 총합은 항상 서로 같다. 이제, $x = 1, 2, 3, 256$인 경우만 살펴보면 된다. 그런데,

$$1 = 1_{(2)}, \quad 2 = 10_{(2)}, \quad 3 = 11_{(2)}, \quad 256 = 100000000_{(2)}$$

이므로, 3이하의 정수에서 2진법으로 표현했을 때, 1의 개수가 홀수인 수(1, 2)와 1의 개수가 짝수인 수(3)의 합이 같다. 따라서 256이하의 양의 정수 중 2진법으로 표현했을 때, 1의 홀수번 나타나는 것들의 총합은

$$\frac{1 + 2 + 3 + \cdots + 255}{2} + 256 = 64 \cdot 259$$

이다. 그러므로 우리가 구하는 가장 큰 홀수는 259이다. □

예제 1.56 (KMO, '2019) 60보다 작은 양의 정수 a, b, c, d, e에 대하여

$$\frac{11^7}{60^5} = \frac{a}{60} + \frac{b}{60^2} + \frac{c}{60^3} + \frac{d}{60^4} + \frac{e}{60^5}$$

가 성립할 때, $a + b + c + d + e$의 값을 구하여라.

풀이 : $11^2 = 121 = 2 \times 60 + 1$임을 이용한다.

$$11^7 = 11 \times (2 \times 60 + 1)^3$$
$$= 11 \times (8 \times 60^3 + 12 \times 60^2 + 6 \times 60 + 1)$$
$$= 88 \times 60^3 + 132 \times 60^2 + 66 \times 60 + 11$$
$$= 60^4 + 30 \times 60^3 + 13 \times 60^2 + 6 \times 60 + 11$$

이다. 따라서

$$\frac{11^7}{60^5} = \frac{1}{60} + \frac{30}{60^2} + \frac{13}{60^3} + \frac{6}{60^4} + \frac{11}{60^5}$$

이다. 즉, $a = 1$, $b = 30$, $c = 13$, $d = 6$, $e = 11$이다. 그러므로 구하는 답은 $a+b+c+d+e = 61$ 이다. □

예제 1.57 2020^2개의 동전이 있다. 이 동전 중에 한 개만 가짜 동전이고, 가짜 동전은 진짜 동전보다 가볍다고 한다. 양팔저울을 사용하여 가짜 동전을 찾으려고 한다. 양팔 저울을 최소한 몇 번 사용해야 하는가? (단, 양팔저울에는 한 번에 여러 개의 동전을 올려놓을 수 있다.)

풀이 : 양팔저울은 삼진법과 관련이 있다. 동전이 1 ~ 3개일 경우는 1번을 사용하면 되고, $3 + 1 \sim 3^2$개일 경우는 2번을 사용하면 되고, $3^2 + 1 \sim 3^3$개일 경우는 3번을 사용하면 된다. 이렇게 계속하면, $3^{n-1} + 1 \sim 3^n$개일 경우는 n번을 사용하면 된다. 그러면 $2020^2 = 4080400$ 이고, $3^{13} = 1594323$, $3^{14} = 4782969$이므로, 14번 사용해야 가짜 동전을 찾을 수 있다. □

예제 1.58 정수의 집합 $\mathbb{Z}$의 부분집합 S를 다음을 만족하는 최소의 원소의 개수를 갖는 집합이라고 하자.

(i) $0 \in S$.

(ii) $x \in S$이면, $3x \in S$이고, $3x + 1 \in S$이다.

이 때, S의 원소 중 2020보다 작은 음이 아닌 정수의 개수를 구하여라.

풀이 : S의 원소들을 3진법으로 생각하자. $\overline{d_1 d_2 \cdots d_{k(3)}} \in S$이면, $\overline{d_1 d_2 \cdots d_k 0_{(3)}} \in S$이고, $\overline{d_1 d_2 \cdots d_k 1_{(3)}} \in S$이다. 단, $d_1, d_2, \cdots, d_k$는 0, 1, 2 중 하나이다. 그러면 S의 원소들은 각 자리 수가 0 또는 1로만 이루어진 3진법의 수가 된다. 또, $2 \cdot 3^6 < 2020 < 3^7$이므로, S의 원소 중 2020보다 작은 음이 아닌 정수의 개수는 $2^7 = 128$개이다.   □

예제 1.59 모든 5의 제곱(5^0도 포함) 및 서로 다른 5의 거듭제곱의 합들을 작은 수부터 차례대로 배열하는 수열을 생각하자. 즉,

$$1, 5, 6, 25, 26, 30, 31, 125, 126, 130, 131, \cdots$$

이다. 이 수열의 2020항을 5진법으로 나타내어라.

풀이 : 이 수열을 a_n이라 하자. 그리고, 이를 표로 나타내면,

10진법	1	5	6	25	26	30	$\cdots$
5진법	1	10	11	100	101	110	$\cdots$

이다. 즉, 주어진 수열을 5진법으로 나타내면, 각 자리 수가 0과 1로만 이루어진 수열이 된다. 따라서 $2020 = 11111100100_{(2)}$이므로, $a_{2020} = 11111100100_{(5)}$이다.   □

예제 1.60 주머니에 수 2^0, 2^1, 2^2, $\cdots$, 2^{14}가 적힌 공 15개가 들어 있다. 주머니 속에 들어 있는 공의 색은 **빨간색** 또는 **파란색**이며, 빨간색이나 파란색 공이 적어도 하나 이상이다. a를 빨간색 공에 적힌 수들의 합, b를 파란색 공에 적힌 수들의 합이라고 할 때, a와 b의 최대공약수을 d라 하자. 이 때, d의 최댓값을 구하여라.

풀이 : 모든 공에 적힌 수들의 합 $a + b = 2^0 + 2^1 + 2^2 + \cdots + 2^{14} = 2^{15} - 1 = 32767$ 이다. $32767 = 7 \times 31 \times 151$이므로, a와 b의 최대공약수인 d가 될 수 있는 가장 큰 수는 $31 \times 151 = 4681$이다. 4681은 이진법으로 표현했을 때, $1001001001001_{(2)}$이다. k가 3의 배수인 2^k의 수가 씌여진 공을 빨간색이라고 하면, $a = 4681$이고, $b = 4681 \times 6$이 된다. 이 때, $d = 4681$이 된다. 따라서 구하는 d의 최댓값은 4681이다. □

예제 1.61 $1, 3, 5, 7, 9$의 숫자를 사용하지 않고 자연수를 아래와 같이 작은 수부터 차례대로 나열한다.

$$2, 4, 6, 8, 20, 22, 24, 26, 28, 40, 42, 44, \cdots$$

이 때, 2020은 수열에서 몇 번째에 나오는지 구하여라.

풀이 : 나열된 수들을 2로 나누면

$$1, 2, 3, 4, 10, 11, 12, 13, 14, 20, 21, 22, \cdots$$

이다. 위의 수들을 5진법의 수로 생각하면, 순서대로 나열된 것이 된다. 따라서 2020을 2로 나눈 수 1010를 5진법으로 나타낸 것으로 생각하여 10진법의 수로 고치면, $1010_{(5)} = 130$ 이다. 그러므로 2020은 수열에서 130번째 나오는 수이다. □

예제 1.62 1g, 4g, 16g, 64g, 256g의 추가 각각 2개씩 있다. 이 추들을 사용하여 양팔저울의 한 쪽편에만 추를 놓아서 무게를 측정한다. 예를 들어, 6g의 무게는 1g의 추 2개와 4g의 추 1개를 사용하면 측정할 수 있고, 7g의 무게는 측정할 수 없다. 그러면 이 추들을 사용하여 양팔저울의 한쪽 편에만 추를 놓아서 측정할 때, 289g은 작은 편으로부터 몇 번째의 무게인지 구하여라.

풀이 : 양팔저울을 이용하여 측정할 수 있는 무게들은 4진법으로 표현했을 때, 0, 1, 2로 이루어진 수이다. 그러므로 $289 = 10201_{(4)}$이므로, 289g은 작은편으로부터 $10201_{(3)} = 100$번째의 무게이다. □

제 4 절   소수와 산술의 기본정리

- 이 절의 주요 내용

- 소수와 합성수

- 산술의 기본정리, 유클리드의 도움정리

정의 1.63 양의 정수 $n > 1$에 대하여, n의 양의 약수가 1과 자기 자신뿐일 때, n을 소수(prime)이라고 한다. 양의 정수 $n > 1$이 소수가 아닐 때, n을 합성수(composite)라고 한다. 단, 1은 소수도 합성수도 아니다. 예를 들어, 소수는 작은 순서대로

$$2, 3, 5, 7, 11, 13, 17, 19, 23, 29, \cdots$$

이다. 합성수는 작은 순서대로

$$4, 6, 8, 9, 10, 12, 14, 15, 16, 18, \cdots$$

이다.

도움정리 1.64 1보다 큰 모든 정수는 적어도 한 개이상의 소수로 나누어 떨어진다.

정리 1.65 (유클리드(Euclid)) 소수는 무수히 많다.

증명 : 귀류법을 사용하여 증명하자. 유한개의 소수 $p_1, p_2, \cdots, p_n$만이 존재한다고 하자. 다음 수 N를 생각하자.

$$N = p_1 \cdot p_2 \cdots p_n + 1.$$

N를 $p_1, p_2, \cdots, p_n$으로 나누면, 나머지가 모두 1이다. 그런데, 도움정리 1.64에 의하면, 1보다 큰 모든 정수는 적어도 한 개이상의 소수로 나누어 떨어져야 하는데, N은 $p_1, p_2, \cdots, p_n$으로 나누어 떨어지지 않으므로 모순이다. 따라서 소수는 무수히 많다.   □

도움정리 1.66 모든 합성수는 그 수의 제곱근보다 작거나 같은 약수(인수)를 갖는다.

증명 : n을 합성수라고 하자. 그러면

$$n = ab, \quad 1 < a, b < n$$

이다. 만약 a, b가 모두 $\sqrt{n}$보다 크다면,

$$n = \sqrt{n} \cdot \sqrt{n} < a \cdot b = n$$

이 되어 모순이다. 따라서 a, b 중 적어도 하나는 $\sqrt{n}$보다 작다.   □

보기 1.67 2011이 소수인지 아닌지를 알아보기 위해서, $\sqrt{2011} \approx 44.84$보다 작은 소수로 나눠보면 된다. 그런데, 2, 3, 5, 7, 11, 13, 17, 19, 23, 29, 31, 37, 41, 43 으로 2011을 나누면 나누어 떨어지지 않는다. 따라서 2011은 소수이다.

도움정리 1.68 정수 m, p, q에 대하여 $m \mid pq$, $\gcd(m, p) = 1$이면 $m \mid q$이다.

증명 : 적당한 정수 a, b가 존재하여

$$1 = \gcd(m, p) = am + bp$$

가 성립한다. 양변에 q를 곱하면 $q = amq + bpq$이다. $m \mid amq$이고 $m \mid pq$이므로, $m \mid bpq$ 이다. 따라서 $m \mid (amq + bpq) = q$이다.   □

도움정리 1.69 정수 a_1, a_2, $\cdots$, a_n과 소수 p에 대하여 $p \mid a_1 a_2 \cdots a_n$이면 $p \mid a_i$을 만족하는 a_i가 존재한다. 단, $1 \leq i \leq n$이다.

증명 : 수학적 귀납법을 이용하여 보일 수 있다. 증명은 독자에게 남긴다.

예제 1.70 a는 정수이고, p가 소수일 때, $p \mid a^3$이면 $p \mid a$임을 증명하여라.

풀이 : $p \mid a^3 = a \cdot a \cdot a$이므로, 도움정리 1.69로 부터 $p \mid a$이다.   □

정리 1.71 (산술의 기본정리(Fundamental Theorem of Arithmetic)) 1보다 큰 모든 정수 n는

$$n = p_1^{e_1} p_2^{e_2} \cdots p_n^{e_n}$$

로 나타낼 수 있다. 단, $e_i \geq 0$, p_i는 서로 다른 소수이다. 이 소인수분해는 순서가 바뀐 것을 제외하고는 유일하다.

예제 1.72 1보다 큰 자연수 n에 대하여, $1 + \dfrac{1}{2} + \cdots + \dfrac{1}{n}$이 자연수가 아님을 보여라.

풀이 : $x = 1 + \dfrac{1}{2} + \cdots + \dfrac{1}{n}$을 자연수라고 가정하자. 자연수 n에 대하여 $2^k \leq n < 2^{k+1}$인 자연수 k가 유일하게 존재한다. x에 1에서 n까지의 모든 홀수와 2^{k-1}을 곱하면, $\dfrac{1}{2^k}$항을 제외한 모든 항은 자연수가 된다. 그런데, $\dfrac{1}{2^k}$의 항은 자연수가 되지 않는다. 즉, x에 자연수를 곱했는데, 자연수가 되지 않으므로, x는 자연수가 아니다.   □

정의 1.73 양의 정수 n에 대하여, $\tau(n)$, $\sigma(n)$을 다음과 같이 정의한다.

$$\tau(n) = \sum_{d \mid n} 1, \quad \sigma(n) = \sum_{d \mid n} d.$$

즉, $\tau(n)$은 n의 모든 양의 약수의 개수이고, $\sigma(n)$은 n의 모든 양의 약수의 합이다.

정리 1.74 (양의 약수의 개수, 양의 약수의 총합) 1보다 큰 모든 정수 N이

$$N = p_1^{e_1} p_2^{e_2} \cdots p_n^{e_n}$$

로 소인수분해될 때, 양의 약수의 개수와 양의 약수의 총합은 다음과 같다. 단, $e_i \geq 0$, p_i는 서로 다른 소수이다.

(1) N의 양의 약수의 개수 $\tau(N) = (e_1 + 1)(e_2 + 1) \cdots (e_n + 1)$이다.

(2) N의 양의 약수의 총합 $\sigma(N) = \dfrac{p_1^{e_1+1} - 1}{p_1 - 1} \cdot \dfrac{p_2^{e_2+1} - 1}{p_2 - 1} \cdots \dfrac{p_n^{e_n+1} - 1}{p_n - 1}$이다.

예제 1.75 다음 양의 정수의 양의 약수의 개수와 양의 약수의 총합을 구하여라.

(1) 2006   (2) 2007   (3) 2008   (4) 2009   (5) 2010

(6) 2011   (7) 2012   (8) 2013   (9) 2014   (10) 2015

(11) 2016   (12) 2017   (13) 2018   (14) 2019   (15) 2020

풀이 :

(1) $2006 = 2 \cdot 17 \cdot 59$이므로, 양의 약수의 개수는 8개이고, 양의 약수의 총합은 $\dfrac{2^2 - 1}{2 - 1} \cdot$ $\dfrac{17^2 - 1}{17 - 1} \cdot \dfrac{59^2 - 1}{59 - 1} = 3240$이다.

(2) $2007 = 3^2 \cdot 223$이므로, 양의 약수의 개수는 6개이고, 양의 약수의 총합은 $\dfrac{3^3 - 1}{3 - 1} \cdot$ $\dfrac{223^2 - 1}{223 - 1} = 2912$이다.

(3) $2008 = 2^3 \cdot 251$이므로, 양의 약수의 개수는 8개이고, 양의 약수의 총합은 $\dfrac{2^4 - 1}{2 - 1} \cdot$ $\dfrac{251^2 - 1}{251 - 1} = 3780$이다.

(4) $2009 = 7^2 \cdot 41$이므로, 양의 약수의 개수는 6개이고, 양의 약수의 총합은 $\dfrac{7^3 - 1}{7 - 1} \cdot$ $\dfrac{41^2 - 1}{41 - 1} = 2394$이다.

(5) $2010 = 2 \cdot 3 \cdot 5 \cdot 67$이므로, 양의 약수의 개수는 16개이고, 양의 약수의 총합은 $\dfrac{2^2 - 1}{2 - 1} \cdot$ $\dfrac{3^2 - 1}{3 - 1} \cdot \dfrac{5^2 - 1}{5 - 1} \cdot \dfrac{67^2 - 1}{67 - 1} = 4896$이다.

(6) 2011은 소수이므로, 양의 약수의 개수는 2개이고, 양의 약수의 총합은 2012이다.

(7) $2012 = 2^2 \cdot 503$이므로, 양의 약수의 개수는 6개이고, 양의 약수의 총합은 $\dfrac{2^3 - 1}{2 - 1} \cdot$ $\dfrac{503^2 - 1}{503 - 1} = 3528$이다.

(8) $2013 = 3 \cdot 11 \cdot 61$이므로, 양의 약수의 개수는 8개이고, 양의 약수의 총합은 $\dfrac{3^2 - 1}{3 - 1} \cdot$ $\dfrac{11^2 - 1}{11 - 1} \cdot \dfrac{61^2 - 1}{61 - 1} = 2976$이다.

(9) $2014 = 2 \cdot 19 \cdot 53$이므로, 양의 약수의 개수는 8개이고, 양의 약수의 총합은 $\dfrac{2^2 - 1}{2 - 1} \cdot$ $\dfrac{19^2 - 1}{19 - 1} \cdot \dfrac{53^2 - 1}{53 - 1} = 3240$이다.

(10) $2015 = 5 \cdot 13 \cdot 31$이므로, 양의 약수의 개수는 8개이고, 양의 약수의 총합은 $\dfrac{5^2 - 1}{5 - 1} \cdot$ $\dfrac{13^2 - 1}{13 - 1} \cdot \dfrac{31^2 - 1}{31 - 1} = 2688$이다.

(11) $2016 = 2^5 \cdot 3^2 \cdot 7$이므로, 양의 약수의 개수는 36개이고, 양의 약수의 총합은 $\dfrac{2^6 - 1}{2 - 1} \cdot$ $\dfrac{3^3 - 1}{3 - 1} \cdot \dfrac{7^2 - 1}{7 - 1} = 6552$이다.

(12) 2017은 소수이므로, 양의 약수의 개수는 2개이고, 양의 약수의 총합은 2018이다.

(13) $2018 = 2 \cdot 1009$이므로, 양의 약수의 개수는 4개이고, 양의 약수의 총합은 $\dfrac{2^2 - 1}{2 - 1} \cdot$ $\dfrac{1009^2 - 1}{1009 - 1} = 3030$이다.

(14) $2019 = 3 \cdot 673$이므로, 양의 약수의 개수는 4개이고, 양의 약수의 총합은 $\dfrac{3^2 - 1}{3 - 1} \cdot$ $\dfrac{673^2 - 1}{673 - 1} = 2696$이다.

(15) $2020 = 2^2 \cdot 5 \cdot 101$이므로, 양의 약수의 개수는 12개이고, 양의 약수의 총합은 $\dfrac{2^3 - 1}{2 - 1} \cdot$ $\dfrac{5^2 - 1}{5 - 1} \cdot \dfrac{101^2 - 1}{101 - 1} = 4284$이다. $\square$

예제 1.76 (KMO, '2008) 어떤 양의 정수 n의 양의 약수의 개수는 6개이고, 이 약수들의 합이 $\dfrac{3n+9}{2}$ 이다. n의 값을 구하여라.

풀이 : 양의 약수의 개수가 6개가 되는 경우는 p^5, p^2q의 경우만 가능하다. 단, p, q는 소수이다.

(i) $n = p^5$일 때,

$$1 + p + p^2 + p^3 + p^4 + p^5 = \frac{p^6 - 1}{p - 1} = \frac{3p^5 + 9}{2}$$

이다. 이를 정리하면 $p^5 - 2p^4 - 2p^3 - 2p^2 - 2p + 7 = 0$이다.

이 경우 해가 될 수 있는 경우는 $p = 7$뿐이므로 이를 대입하면 등식이 성립하지 않음을 알 수 있다. 따라서 $n = p^5$의 경우는 없다.

(ii) $n = p^2q$일 때,

$$(1 + p + p^2)(1 + q) = \frac{3p^2q + 9}{2}$$

이다. 여기서, p와 q는 홀수여야 한다. 그렇지 않으면 우변이 정수가 되지 않는다. 이제 위 식을 q에 관하여 정리하면

$$(p^2 - 2p - 2)q = 2p^2 + 2p - 7$$

이다. 양변을 $p^2 - 2p - 2$로 나누면

$$q = \frac{2p^2 + 2p - 7}{p^2 - 2p - 2} = 2 + \frac{6p - 3}{p^2 - 2p - 2}$$

이다. q가 소수이므로 $\dfrac{6p-3}{p^2-2p-2}$는 1이상의 정수이다. 즉, $\dfrac{6p-3}{p^2-2p-2} \geq 1$이다. 양변에 $p^2 - 2p - 2$를 곱하고 좌변으로 이항하여 정리하면

$$p^2 - 8p + 1 \leq 0$$

이다. 이를 풀면 $p \leq 4 + \sqrt{15} < 8$이다. 이를 만족하는 홀수인 소수 p는 $p = 3, 5, 7$이다. $p = 3$이면 $q = 17$이 된다. 그런데, $p = 5, 7$를 대입하면 q는 정수가 아니다.

따라서 (i), (ii)에 의하여 $n = 3^2 \times 17 = 153$이다. $\square$

예제 1.77 (KMO, '2009) 소수 $p, r(p > r)$에 대하여 $p^r + 9r^6$이 정수의 제곱일 때, $p + r$의 값을 구하여라.

풀이 : $p > r$에서 p는 홀수인 소수이다. $p^r + 9r^6 = k^2(k > 0)$이라 하자. 그러면

$$(k + 3r^3)(k - 3r^3) = p^r$$

이다. $k + 3r^3 = p^a$, $k - 3r^3 = p^b$라고 하자. 단, $a > b \geq 0$, $r = a + b$이다.

먼저 $b > 0$일 때, $p|6r^3$에서 $p|3r^3$이다. 그러므로 $p|3$이다. 따라서 $p = 3$이고, $r = 2$이다. 그런데, 이는 $3^{a-1} - 1 = 2r^3$에 모순된다. 그러므로 $b = 0$이다. 즉, $p^r - 1 = 6r^3$이다. $r \geq 5$이면, $p^r > r^r > 6r^3 + 2$이므로 모순이다. 따라서 가능한 $r = 2$이고, 이 때, $p = 7$이다. 그러므로 $p + r = 9$이다. $\quad\square$

예제 1.78 (KMO, '2009) 다음 조건을 만족하는 소수 a, b, c에 대하여 이 세 수의 곱 abc를 구하여라.

(i) $b + 8$은 a의 배수이고, $b^2 - 1$은 a와 c의 배수이다.

(ii) $b + c = a^2 - 1$이다.

풀이 : 조건 (i)로부터 $b^2 - 1 = (b + 1)(b - 1)$이 a의 배수이므로, $b - 1$ 또는 $b + 1$이 a의 배수이다.

(a) $b - 1$이 a의 배수일 때, $b + 8 = (b - 1) + 9$도 a의 배수이므로, $a = 3$이다. 그런데, $b + c = 8$에서 가능한 순서쌍 $(b, c) = (3, 5), (5, 3)$인데, 어느 경우도 $b - 1$이 3의 배수가 되지 않아 모순이다.

(b) $b + 1$이 a의 배수일 때, $b + 8 = (b + 1) + 7$도 a의 배수이므로, $a = 7$이다. 이 때, $b + c = 48$에서 $b + 1$이 a의 배수이면서 $b^2 - 1$이 c의 배수가 되는 경우는 $(b, c) = (41, 7)$뿐이다.

따라서 $abc = 7 \cdot 41 \cdot 7 = 2009$이다. $\quad\square$

예제 1.79 (KMO, '2009) 양의 정수 n은 두 자리 수이고, n^2의 각 자리수의 합이 n의 자리 수의 합의 제곱과 같다. 이러한 n의 개수를 구하여라.

풀이 : $n = 10a + b$라고 하자. 단, $a \neq 0$이고, a, b는 한 자리 수이다. 그러므로 $n^2 = 100a^2 + 20ab + b^2$의 각 자리수의 합이 $(a + b)^2 = a^2 + 2ab + b^2$과 같으므로, 이를 만족하는 a, b를 구하면 된다. 그래서, 두 식의 계수를 비교하면,

$$1 \leq a^2 < 10, \ 0 \leq ab < 5, \ 0 \leq b^2 < 10$$

이다. 이를 풀면,

$$(a, b) = (1, 0), (1, 1), (1, 2), (1, 3), (2, 0), (2, 1), (2, 2), (3, 0), (3, 1)$$

이다. 따라서 구하는 n의 개수는 9개이다. □

예제 1.80 (KMO, '2009) 분수 $\frac{a}{b}$(a, b는 서로 소인 양의 정수)는 $\frac{10}{57}$보다 크고 $\frac{5}{28}$보다 작은 분수 중 분모가 가장 작은 것이다. ab의 값을 구하여라.

풀이 : 주어진 조건을 다시 쓰면,

$$\frac{10}{57} < \frac{a}{b} < \frac{5}{28}$$

이다. 위 식을 풀면

$$10b < 57a, \quad 28a < 5b$$

이다. 따라서 $\frac{10}{57}b < a < \frac{5}{28}b$이다. 즉, $\frac{10}{57}b < 0.1755 \times b < a < 0.1785 \times b < \frac{5}{28}b$이다. $b = 17$를 대입하면, $0.1755 \times 17 = 2.9835$, $0.1785 \times 17 = 3.0345$이다. 즉, $a = 3$이다. 따라서 주어진 조건을 만족하는 분수 중 분모가 가장 작은 것은 $\frac{a}{b} = \frac{3}{17}$이다. 그러므로 구하는 $ab = 51$이다. □

예제 1.81 두 유리수 $\dfrac{79+n}{18+n}$와 $\dfrac{79}{18}$의 사이에 자연수가 정확히 두 개만 존재할 때, 가능한 자연수 n의 개수를 구하여라.

풀이 : $\dfrac{79}{18} = 4 + \dfrac{7}{18}$이므로, 사이에 있는 두 자연수는 반드시 3과 4이다. 그러므로

$$2 \le \frac{79+n}{18+n} < 3$$

이다. 이를 풀면, $12.5 < n \le 43$이다. 따라서 가능한 n의 개수는 31개이다. □

예제 1.82 (KMO, '2011) 양의 정수 $n = 2^{30}3^{15}$에 대하여 n^2의 양의 약수 중 n보다 작고 n의 약수가 아닌 것의 개수를 구하여라.

풀이 : n^2의 양의 약수 중 n보다 작은 것의 개수는 $\dfrac{61 \times 31 - 1}{2} = 945$개이고, n보다 작은 n의 양의 약수의 개수는 $31 \times 16 - 1 = 495$개이다. 따라서 n^2보다 작고 n의 약수가 아닌 것의 개수는 $945 - 495 = 450$개이다. □

예제 1.83 (KMO, '2011) 양의 정수 a, m, n $(101 \le a \le 199)$은 다음 두 조건을 만족한다.

(1) $m + n$은 a의 배수

(2) $mn = a(a+1)$

이 때, $m + n$의 값을 구하여라.

풀이 : a와 $a + 1$은 서로 소이므로 a의 소인수 p에 대하여 m, n 중 하나는 p의 배수이다. 또 $m + n$이 a의 배수이므로 m, n은 모두 p의 배수이다. 그러므로 a는 p^2을 인수로 갖는다. 만약 a가 p와 다른 소인수 q를 갖는다고 하더라도 a는 q^2을 인수로 갖는다. 따라서 a는 완전제곱수이다. 그러므로 a로 가능한 수는 121, 144, 169, 196이다.

(i) $a = 121$일 때, $mn = 121 \times 122$에서, $m+n$이 a의 배수가 되는 m, n이 존재하지 않는다.

(ii) $a = 144$일 때, $mn = 144 \times 145$에서, $m+n$이 a의 배수가 되는 m, n이 존재하지 않는다.

(iii) $a = 169$일 때, $mn = 169 \times 170 = (13 \times 5) \times (13 \times 34)$에서, $m = 65$, $n = 442$라고 하면, $m + n = 507$이 되어 169의 배수이다.

(iv) $a = 196$일 때, $mn = 196 \times 197$에서, $m+n$이 a의 배수가 되는 m, n이 존재하지 않는다.

따라서 구하는 $m + n$의 값은 507이다.   □

예제 1.84 (KMO, '2012) 두 자리 양의 정수 중에서 양의 약수의 개수가 2의 거듭제곱인 수는 모두 몇 개인가?

풀이 : 두 자리 양의 정수 중에서 양의 약수의 개수가 2의 거듭제곱인 수의 꼴은 p, p^3, pq, pqr, pq^3이다. 단, p, q, r은 소수이다.

(i) p의 꼴일 때, $p = 11, 13, 17, 19, 23, 29, 31, 37, 41, 43, 47, 53, 59, 61, 67, 71, 73, 79,$ $83, 89, 97$로 모두 21개이다.

(ii) p^3의 꼴일 때, $p = 3^3$으로 1개이다.

(iii) pq의 꼴일 때,

$p = 2$일 때, $q = 5, 7, 11, 13, 17, 19, 23, 29, 31, 37, 41, 43, 47$로 모두 13개이다.

$p = 3$일 때, $q = 5, 7, 11, 13, 17, 19, 23, 29, 31$로 모두 9개이다.

$p = 5$일 때, $q = 7, 11, 13, 17, 19$로 모두 5개이다.

$p = 7$일 때, $q = 11, 13$으로 모두 2개이다.

(iv) pqr꼴일 때, $pqr = 2 \times 3 \times 5, 2 \times 3 \times 7, 2 \times 3 \times 11, 2 \times 3 \times 13, 2 \times 5 \times 7$로 모두 5개이다.

(v) pq^3꼴일 때, $pq^3 = 2 \times 3^3, 3 \times 2^3, 5 \times 2^3, 7 \times 2^3, 11 \times 2^3$로 모두 5개이다.

따라서 구하는 경우의 수는 모두 61개이다.   □

예제 1.85 3보다 큰 임의의 소수 p에 대하여 $\dfrac{p^6 - 7}{3} + 2p^2$은 두 세제곱수의 합으로 나타낼 수 있음을 증명하여라.

풀이 : 다음 사실을 이용하자.

$$\frac{p^6 - 7}{3} + 2p^2 = \left(\frac{2p^2 + 1}{3}\right)^3 + \left(\frac{p^2 - 4}{3}\right)^3.$$

여기서, p가 3보다 큰 소수이므로 $p^2 \equiv 1 \pmod 3$이므로, $\dfrac{2p^2 + 1}{3}$와 $\dfrac{p^2 - 4}{3}$는 정수이다. 따라서 $\dfrac{p^6 - 7}{3} + 2p^2$은 두 세제곱수의 합으로 나타낼 수 있다. $\quad\square$

예제 1.86 $\tau(n)$을 n의 양의 약수의 개수라고 하고, $\phi(n)$을 n이하의 양의 정수 중 n과 서로 소인 것의 개수라고 하자. 이 때, $\tau(n) = 6$, $3\phi(n) = 7!$을 만족하는 n을 모두 구하여라.

풀이 : $\tau(n) = 6$이므로, $n = p^5$ 또는 $n = pq^2$꼴이다. 단, p, q는 서로 다른 소수이다.

(i) $n = p^5$꼴일 때, $\phi(n) = p^4(p - 1)$이다. 그런데, $p^4(p - 1) = \frac{1}{3} \cdot 7! = 2^4 \cdot 3 \cdot 5 \cdot 7$이므로, 소수 p는 존재하지 않는다.

(ii) $n = pq^2$꼴일 때, $\phi(n) = (p - 1)q(q - 1)$이다. 이 경우는 다음과 같은 네 가지 경우를 생각할 수 있다.

$q = 2$일 때, $q(q - 1) = 2$이므로, $p = 2^3 \cdot 3 \cdot 5 \cdot 7 + 1 = 841$이고, 이는 소수가 아니다.

$q = 3$일 때, $q(q - 1) = 6$이므로, $p = 2^3 \cdot 5 \cdot 7 + 1 = 281$이고, 이는 소수이다.

$q = 5$일 때, $q(q - 1) = 20$이므로, $p = 2^2 \cdot 3 \cdot 7 + 1 = 85$이고, 이는 소수가 아니다.

$q = 7$일 때, $q(q - 1) = 42$이므로, $p = 2^3 \cdot 5 + 1 = 41$이고, 이는 소수이다.

따라서 주어진 조건을 만족하는 n은 $281 \cdot 3^2 = 2529$, $41 \cdot 7^2 = 2009$이다. $\quad\square$

예제 1.87 소수 p, q에 대하여, 다음 조건을 만족하는 순서쌍 (p, q)가 무수히 많음을 증명하여라.

$$(조건)\ p^6 + q^4는\ 차가\ 4pq인\ 두\ 양의\ 약수를\ 갖는다.$$

풀이 : $p = 2$라고 하고, q를 홀수인 소수라고 하자. 그러면

$$p^6 + q^4 = 64 + q^4 = (8 + 4q + q^2)(8 - 4q + q^2)$$

이다. 그런데,

$$(8 + 4q + q^2) - (8 - 4q + q^2) = 8q = 4pq$$

이다. 따라서 모든 홀수인 소수 q에 대하여 성립한다. 그러므로 주어진 조건을 만족하는 순서쌍 (p, q)는 무수히 많다.   □

예제 1.88 (KMO, '2013) 양의 정수 n의 모든 자리의 수의 합을 $a(n)$이라 하자. 모든 자리의 수가 홀수인 세 자리 양의 정수 n 중 $a(n) = a(2n)$을 만족하는 것의 개수를 구하여라.

풀이 : $n = 100a + 10b + c$(a, b, c는 한 자리 홀수)라고 하자. 그러면 $2n = 2(100a + 10b + c)$이다. $a(n) = a(2n)$이므로, n은 9의 배수이어야 한다. 즉, $a + b + c = 9$ 또는 $a + b + c = 27$이다.

  (i) $a + b + c = 9$일 때, $9 = 1 + 1 + 7 = 1 + 3 + 5 = 3 + 3 + 3$인데, $a = b = c = 3$인 경우는 $a(n) = a(2n)$을 만족하지 않는다. 그러므로 $n = 117, 171, 711, 135, 153, 315, 351, 513,$ 531이다.

  (ii) $a + b + c = 27$일 때, $a = b = c = 9$이다. 즉, $n = 999$이다.

따라서 구하는 경우의 수는 모두 10개이다.   □

예제 1.89 $p < q < r$을 만족하는 세 소수 p, q, r의 곱 pqr이 $2009 \cdot 2021 \cdot 2027 + 320$일 때, 이 세 소수를 구하여라.

풀이 : $2021 = x$라 생각하고 다항식을 만들면, $f(x) = x(x-12)(x+6) + 320$이다. 이를 정리하여 인수분해하면,

$$f(x) = x^3 - 6x^2 - 72x + 320 = (x-4)(x-10)(x+8)$$

이다. $f(2021) = 2017 \cdot 2011 \cdot 2029$이다. 따라서 $p = 2011$, $q = 2017$, $r = 2029$이다. □

예제 1.90 자연수 n에 대하여 n의 양의 약수의 총합을 $\sigma(n)$이라 하자. 예를 들어, $\sigma(9) = 1 + 3 + 9 = 13$이다. 다음 물음에 답하여라.

(1) n이 서로 다른 소수 p, q에 대하여 $n = pq$로 표현될 때, $\sigma(n) = 24$를 만족하는 n을 모두 구하여라.

(2) n이 서로 다른 소수 p, q에 대하여 $n = pq$로 표현될 때, $\sigma(n) \geq 2n$을 만족하는 n을 모두 구하여라.

(3) n이 서로 다른 소수 p, q에 대하여 $n = p^2q$로 표현될 때, $\sigma(n) \geq 2n$을 만족하는 n을 모두 구하여라.

풀이 :

(1) $\sigma(n) = 24$이므로 $(1+p)(1+q) = 24$이다. 대칭성에 의하여 $p < q$, $p \geq 2$라 하면 $(1+p, 1+q) = (3, 8), (4, 6)$이다. 즉, $(p, q) = (2, 7), (3, 5)$이다. 따라서 $n = 14, 15$이다.

(2) $\sigma(n) \geq 2n$이므로 $(1+p)(1+q) \geq 2pq$이다. 따라서 $pq - p - q \leq 1$이다. 즉, $(p-1)(q-1) \leq 2$이다. 대칭성에 의하여 $p < q$, $p \geq 2$라 하면, $(p-1, q-1) = (1, 2)$이다. 즉, $(p, q) = (2, 3)$이다. 따라서 $n = 6$이다.

(3) $\sigma(n) \geq 2n$이므로 $(1 + p + p^2)(1 + q) \geq 2p^2 q$이다. 이를 정리하면

$$(p^2 - p - 1)q \leq p^2 + p + 1$$

이다. $p^2 - p - 1 = p(p-1) - 1 \geq 2 \cdot 1 - 1 > 0$이므로

$$q \leq \frac{p^2 + p + 1}{p^2 - p - 1} \qquad (*)$$

이다. $q \geq 2$이므로 $\frac{p^2 + p + 1}{p^2 - p - 1} \geq 2$이다. 이를 정리하면

$$p^2 + p + 1 \geq 2(p^2 - p - 1), \quad p^2 - 3p \leq 3, \quad p(p-3) \leq 3$$

이다. $p \geq 4$이면 $p(p-3) \geq 4 \cdot 1 > 3$이므로 모순이다. 따라서 $p = 2$ 또는 $p = 3$이다.

(i) $p = 2$일 때, 식 $(*)$에서 $q \leq 7$이다. 따라서 $q = 3, 5, 7$이다.

(ii) $p = 3$일 때, 식 $(*)$에서 $q \leq \frac{13}{5}$이다. 따라서 $q = 2$이다.

그러므로 $n = 12, 20, 28, 18$이다. $\quad\square$

예제 1.91 (KMO, '2017) 다음 조건을 만족하는 양의 정수 m 중 가장 작은 것을 구하여라.

$$모든\ 양의\ 정수\ n에\ 대하여\ m^2 \geq \frac{14m}{n} + \frac{7}{n^2}\ 이다.$$

풀이 : 양변에 n^2을 곱하고 식을 정리하면,

$$m^2 n^2 - 14mn - 7 \geq 0$$

이다. mn에 관한 이차부등식을 풀면 $mn \geq 7 + \sqrt{56}$ $(mn > 0)$이다. $n = 1$을 대입하면 $m \geq 15$이다. 즉, 구하는 답은 15이다. $\quad\square$

예제 1.92 (KMO, '2017) 다음 조건을 만족하는 소수 p를 모두 더한 값을 구하여라.

$$41pm - 42p^2 = m^3$$을 만족하는 양의 정수 m이 존재한다.

풀이 : $41pm - 42p^2 = m^3$을 변형하면

$$p(41m - 42p) = m^3 \qquad (*)$$

이다. 따라서 m은 p의 배수이다. 즉, $m = pk$를 만족하는 양의 정수 k가 존재한다. 이를 식 $(*)$에 대입하여 정리하면 $41k - 42 = pk^3$이다. 즉, $k(41 - pk^2) = 42$이다. 따라서 k는 42의 약수이고, $41 - pk^2 > 0$인 조건을 만족하는 순서쌍 (k, p)를 구하면 $(k, p) = (2, 5), (3, 3)$이다. 그러므로 구하는 답은 8이다. □

예제 1.93 (KMO, '2018) $2p - 1$, $10p - 1$이 모두 소수가 되도록 하는 소수 p를 모두 더한 값을 구하여라.

풀이 : 5이상의 소수 p는 $6k \pm 1$(k는 양의 정수)의 형태이다. $p = 6k + 1$일 때, $10p - 1 = 60k + 9$이 되어 소수가 아니다. 또, $p = 6k - 1$일 때, $2p - 1 = 12k - 3$이 되어 소수가 아니다. 따라서 $p = 2$ 또는 $p = 3$인 경우만 살펴보면 된다.

(i) $p = 2$일 때, $2p - 1 = 3$, $10p - 1 = 19$가 되어 모두 소수이다.

(ii) $p = 3$일 때, $2p - 1 = 5$, $10p - 1 = 29$가 되어 모두 소수이다.

따라서 주어진 조건을 만족하는 소수 p는 2와 3이다. 즉, 구하는 답은 5이다. □

예제 1.94 (KMO, '2018) 양의 정수 a, b가 다음 조건을 만족할 때, $a + b$가 가질 수 있는 가장 작은 값을 구하여라.

$$\frac{339}{47} < \frac{b}{a} < \frac{239}{33}$$

풀이 : $\dfrac{339}{47} = 7 + \dfrac{10}{47}$, $\dfrac{239}{33} = 7 + \dfrac{8}{33}$이므로 $b = 7a + c$라 두면, 주어진 문제를 $\dfrac{10}{47} < \dfrac{c}{a} < \dfrac{8}{33}$
을 만족하는 $a + c$가 가질 수 있는 가장 작은 값을 구하는 것으로 바꾸어 생각할 수 있다.

(i) $c = 1$일 때, $\dfrac{10}{47} < \dfrac{1}{a}$에서 $a \leq 4$이고, $\dfrac{1}{a} < \dfrac{8}{33}$에서 $a \geq 5$이다. 따라서 이 경우에
해당하는 a는 존재하지 않는다.

(ii) $c = 2$일 때, $\dfrac{10}{47} < \dfrac{2}{a}$에서 $a \leq 9$이고, $\dfrac{2}{a} < \dfrac{8}{33}$에서 $a \geq 9$이다. 따라서 $a = 9$이다.
$b = 7a + c = 65$이므로, $a + b = 74$이다.

(iii) $c \geq 3$일 때, $\dfrac{3}{a} \leq \dfrac{c}{a} < \dfrac{8}{33}$에서 $a \geq 13$이다. 이때, $a + b = 8a + c \geq 107$이 되어 (ii)에서
구한 74보다 크게 된다.

따라서 구하는 $a + b$가 가질 수 있는 가장 작은 값은 74이다. $\quad\square$

예제 1.95 (KMO, '2018) 다음 두 조건을 모두 만족하는 양의 정수 A, B, C에 대하여,
$A + B + C$가 될 수 있는 값 중 가장 작은 것을 구하여라.

(i) $A > B > C$

(ii) $12B > 13C > 11A$

풀이 : 양의 정수 x, y에 대하여 $B = C + x$, $A = C + x + y$라 하자. 이를 (ii)에 대입하면,
$12(C + x) > 13C > 11(C + x + y)$이다. 이를 풀면

$$\frac{11}{2}(x + y) < C < 12x \tag{1}$$

이다. $x = y = 1$일 때, 식 (1)을 만족하는 양의 정수 C가 존재하지 않는다. $x = 2$, $y = 1$일 때,
식 (1)을 만족하는 양의 정수 C의 범위는 $17 \leq C \leq 23$이다. 그런데, $A + B + C$의 최솟값은
C가 최소일 때이므로, $C = 17$, $B = 19$, $A = 20$일 때이다. 따라서, $A + B + C$가 될 수 있는
값 중 가장 작은 것은 56이다. $\quad\square$

예제 1.96 (KMO, '2018) 다음 두 조건을 모두 만족하는 양의 정수 A와 B에 대하여 $A+16B$ 의 값 중 가장 큰 것을 구하여라.

(i) $A - 2B = -7$

(ii) $A + 4B < 30$

풀이 : (i)에서 $A = 2B - 7$이고, 이를 (ii)에 대입하면 $6B < 37$이다. 즉, $B \leq 6$이다. 그러므로 $A + 16B = 18B - 7 \leq 108 - 7 = 101$이다. □

예제 1.97 (KMO, '2019) 양의 정수 160401의 약수가 되는 모든 소수의 합을 구하여라.

풀이 : $160401 = 20^4 + 20^2 + 1 = (20^2 + 20 + 1)(20^2 - 20 + 1) = 421 \times 381 = 421 \times 3 \times 127$ 이다. 따라서 구하는 160401의 약수가 되는 모든 소수의 합은 $421 + 3 + 127 = 551$이다. □

예제 1.98 (KMO, '2020) 다음 두 조건을 모두 만족하는 정수의 순서쌍 (x, y)의 개수를 구하여라.

(1) $1 \leq x \leq 1000$, $1 \leq y \leq 1000$

(2) $\dfrac{101x^2 - 5y^2}{2020}$ 은 정수이다.

풀이 : 조건 (2)로부터 y는 101의 배수이고, x는 5의 배수여야 한다. 또한, x와 y의 홀짝성이 같아야 한다.

(i) x, y가 모두 홀수일 때, $x = 5(2k+1)$, $y = 101(2m+1)$라 하면, $0 \leq k \leq 99$, $0 \leq m \leq 4$ 이다. 따라서 정수의 순서쌍 (k, m)는 $100 \times 5 = 500$개다.

(ii) x, y가 모두 짝수일 때, $x = 10k$, $y = 202m$라 하면, $1 \leq k \leq 100$, $1 \leq m \leq 4$이다. 따라서 정수의 순서쌍 (k, m)는 $100 \times 4 = 400$개다.

따라서 두 조건을 모두 만족하는 정수의 순서쌍 (x, y)는 모두 900개다. □

제 5 절   디오판틴 방정식(Diophantine Equation)

- 이 절의 주요 내용

  • 디오판틴 방정식과 그 해법

보기 1.99 $\gcd(9, 100) = 1$이므로, $9x + 100y = 1$을 만족하는 정수 x, y를 유클리드 호제법을 이용하여 구할 수 있다. 예를 들어, $9 \cdot (-11) + 100 \cdot 1 = 1$, $9 \cdot 89 + 100 \cdot (-8) = 1$이다. 즉, 디오판틴 방정식 $9x + 100y = 1$은 정수해를 갖는다. 실제로, 무수히 많은 해를 갖는다.

정리 1.100 (일차 디오판틴 방정식) 정수 a, b, c에 대하여, 디오판틴 방정식 $ax + by = c$는 다음을 만족한다.

(1) $\gcd(a, b) \nmid c$이면, 이 디오판틴 방정식 $ax + by = c$은 정수해를 갖지 않는다.

(2) $\gcd(a, b) = d \mid c$이면, 이 디오판틴 방정식 $ax + by = c$은

$$x = \frac{b}{d}k + x_0, \quad y = -\frac{a}{d}k + y_0, \quad k \in \mathbb{Z}$$

의 형태의 무수히 많은 해를 갖는다. 단, (x_0, y_0)은 **특이해**(particular solution) 또는 한 해이다.

증명 :

(1) x, y가 $ax + by = c$의 해라고 하자. 그러면 $\gcd(a, b) \mid ax + by = c$이다. 그런데, 가정에서 $\gcd(a, b) \nmid c$에 모순된다. 따라서 주어진 방정식의 해는 존재하지 않는다.

(2) 가정으로부터 $c = k \gcd(a, b)$, $k \in \mathbb{Z}$라고 두자. 그러면

$$am + bn = \gcd(a, b)$$

를 만족하는 정수 m, n이 존재한다. 따라서

$$amk + bnk = k \gcd(a, b) = c$$

이다. $x = km$과 $y = kn$은 주어진 방정식의 해이다. $x = x_0, y = y_0$를 한 해(특이해)라고 가정하자. 그러면

$$a\left(\frac{b}{d}k + x_0\right) + b\left(-\frac{a}{d}k + y_0\right) = \frac{ab}{d}k - \frac{ab}{d}k + (ax_0 + by_0) = 0 + c = c$$

이다. 모든 정수 k에 대하여, $x = \frac{b}{d}k + x_0, y = -\frac{a}{d}k + y_0$를 주어진 방정식의 해이다. 이제, x, y를 주어진 방정식의 임의의 정수해라고 하자. 그러면 $ax + by = c, ax_0 + by_0 = c$에서 $a(x - x_0) + b(y - y_0) = c - c = 0$ 이다. 따라서

$$\frac{a}{\gcd(a, b)}(x - x_0) + \frac{b}{\gcd(a, b)}(y - y_0) = 0,$$

$$\frac{a}{\gcd(a, b)}(x - x_0) = \frac{b}{\gcd(a, b)}(y_0 - y) \tag{1}$$

이다. 그런데, $\gcd\left(\frac{a}{\gcd(a, b)}, \frac{b}{\gcd(a, b)}\right) = 1$이므로, 우변이 $\frac{a}{\gcd(a, b)}$로 나누어 떨어져야 한다.

따라서

$$\frac{a}{\gcd(a, b)} \mid (y_0 - y), \quad \text{또는} \quad \text{적당한 정수 } k\text{에 대하여}, \quad y_0 - y = k \cdot \frac{a}{\gcd(a, b)}$$

따라서

$$y = y_0 - k \cdot \frac{a}{\gcd(a, b)} \tag{2}$$

이다. 식 (2)를 식 (1)에 대입하면

$$\frac{a}{\gcd(a, b)}(x - x_0) = \frac{b}{\gcd(a, b)}(y_0 - y) = \frac{b}{\gcd(a, b)}k \cdot \frac{a}{\gcd(a, b)}$$

$$x - x_0 = k \cdot \frac{b}{\gcd(a, b)}$$

$$x = x_0 + k \cdot \frac{b}{\gcd(a, b)}$$

이다. 다시 정리하면,

$$x = \frac{b}{d}k + x_0, \quad y = -\frac{a}{d}k + y_0$$

이다. □

예제 1.101 $6x + 9y = 5$를 풀어라.

풀이 : $\gcd(6, 9) = 3 \nmid 5$이므로, 주어진 방정식은 정수해를 갖지 않는다. □

예제 1.102 $6x + 9y = 21$를 풀어라.

풀이 : $\gcd(6, 9) = 3 \mid 21$이므로, 무수히 많은 해를 갖는다. $x_0 = -7$, $y_0 = 7$을 한 해(특이해)라고 하자. 그러면 일반해는

$$x = 3k - 7, \quad y = -2k + 7$$

이다. 단, $k \in \mathbb{Z}$이다. □

제 6 절　가우스 함수(최대정수함수)

- 이 절의 주요 내용

- 가우스 함수(최대정수함수)

- p-지수

정의 1.103 임의의 실수 x에 대하여 기호 $[x]$는 x보다 크지 않은 최대의 정수를 나타낸다. $[\ ]$를 가우스 함수 또는 최대정수함수라고 한다.

보기 1.104 $[1] = 1$, $[-2] = -2$, $[1.35] = 1$, $[-2.34] = -3$이다.

정리 1.105 (가우스 함수의 성질) 임의의 실수 x, y에 대하여 다음이 성립한다.

(1) $[x] \leq x < [x] + 1$이다.

(2) m이 정수이면, $[x + m] = [x] + m$이다.

(3) $[x] + [y] \leq [x + y] \leq [x] + [y] + 1$이다.

(4) $[x] + [-x] = \begin{cases} 0, & (x가 \ 정수일 \ 때) \\ -1, & (x가 \ 정수가 \ 아닐 \ 때) \end{cases}$ 이다.

(5) 양의 정수 m, n에 대하여, $\left[\dfrac{n}{m}\right]$은 1에서 n까지의 m의 배수의 개수이다.

(6) a가 양의 정수일 때, $ax \geq a[x]$이다.

(7) $x - [x]$는 어떤 양수 x의 소수 부분을 의미한다.

(8) 어떤 자연수 n의 일의 자리의 수는 $n - 10 \left[\dfrac{n}{10}\right]$이다.

(9) 정 n각형의 서로 다른 대각선의 길이를 원소로 가지는 집합의 원소의 개수는 $\left[\dfrac{n}{2}\right] - 1$ 이다.

(10) $x \geq 0$, $y \geq 0$이면 $[x \cdot y] \geq [x] \cdot [y]$이다.

(11) $x \geq 0$이면 $\left[\sqrt{[\sqrt{x}]}\right] = \left[\sqrt{\sqrt{x}}\right]$이다.

예제 1.106 (HMMT, '2007) 다음을 계산하여라.

$$\left[\frac{2007! + 2004!}{2006! + 2005!}\right].$$

단, $[x]$는 x를 넘지 않는 최대의 정수이다.

풀이 :

$$
\begin{aligned}
\left[\frac{2007! + 2004!}{2006! + 2005!}\right] &= \left[\frac{(2007 \cdot 2006 + \frac{1}{2005}) \cdot 2005!}{(2006 + 1) \cdot 2005!}\right] \\
&= \left[\frac{2007 \cdot 2006 + \frac{1}{2005}}{2007}\right] \\
&= \left[2006 + \frac{1}{2005 \cdot 2007}\right]
\end{aligned}
$$

이다. 따라서 $\left[\dfrac{2007! + 2004!}{2006! + 2005!}\right] = 2006$이다. □

예제 1.107 방정식 $4x^2 - 40[x] + 51 = 0$을 풀어라. (단, $[x]$는 x를 넘지 않는 최대의 정수이다.)

풀이 :

$$(2x - 3)(2x - 17) = 4x^2 - 40x + 51 \leq 4x^2 - 40[x] + 51 = 0$$

이므로, $\dfrac{3}{2} \leq x \leq \dfrac{17}{2}$이다. 즉 $1 \leq [x] \leq 8$이다. 그러면

$$x = \frac{\sqrt{40[x] - 51}}{2}$$

이다. 그런데 구하는 답은

$$[x] = \left[\frac{\sqrt{40[x] - 51}}{2} \right]$$

이다. $[x] = 1, 2, \cdots, 8$에 대하여 위 식을 만족하는 $[x]$를 찾으면, $[x] = 2, 6, 7, 8$일 때 성립함을 알 수 있다. 따라서 이 값을 원 식에 대입하면,

$$x = \frac{\sqrt{29}}{2}, \ \frac{\sqrt{189}}{2}, \ \frac{\sqrt{229}}{2}, \ \frac{\sqrt{269}}{2}$$

이다.　□

예제 1.108 (KMO, '2004) 방정식 $[x] + \dfrac{2004}{[x]} = x^2 + \dfrac{2004}{x^2}$의 1이 아닌 해를 a라 할 때, a^2의 값을 구하여라. (단, $[x]$는 x를 넘지 않는 가장 큰 정수이다.)

풀이 : 우변이 양수이므로 좌변도 양수이다. 즉, $[x] > 0$이다. 또, 1이 아닌 해이므로, $a > 1$이다. 그러면 $a^2 - [a] \geq a^2 - a > 0$이 된다. 그러므로 $[a] + \dfrac{2004}{[a]} = a^2 + \dfrac{2004}{a^2}$에서,

$$\frac{2004}{[a]} - \frac{2004}{a^2} = 2004 \cdot \frac{a^2 - [a]}{[a]a^2} = a^2 - [a]$$

이다. 위 식을 정리하면,

$$a^2[a] = 2004$$

이다. 그런데, $2004 = 2^2 \cdot 3 \cdot 167$이므로, $a^2 = 167$, $[a] = [\sqrt{167}] = 12$이다. 따라서 구하는 답은 167이다.　□

예제 1.109 (KMO, '2006) 방정식 $x^2 - \left[\dfrac{x}{2}\right] - \left[\dfrac{x}{3}\right] - \left[\dfrac{x}{6}\right] = 2451$의 모든 정수해의 합을 구하여라. (단, $[x]$는 x보다 크지 않은 최대의 정수를 나타낸다.)

풀이 : $x^2 - \left[\dfrac{x}{2}\right] - \left[\dfrac{x}{3}\right] - \left[\dfrac{x}{6}\right] = 2451$에서 2, 3, 6의 최소공배수가 6임을 이용하여 $x = 6k + r$(단, k, r는 정수, $0 \leq r \leq 5$)라 두면,

$$(6k + r)^2 = 2451 + \left[\frac{6k + r}{2}\right] + \left[\frac{6k + r}{3}\right] + \left[\frac{6k + r}{6}\right]$$

이다. 여기서,

$$\left[\frac{6k+r}{2}\right] = 3k + \left[\frac{r}{2}\right], \left[\frac{6k+r}{3}\right] = 2k + \left[\frac{r}{3}\right], \left[\frac{6k+r}{6}\right] = k$$

이므로,

$$36k^2 + 12kr + r^2 = 2451 + 6k + \left[\frac{r}{2}\right] + \left[\frac{r}{3}\right]$$

이다. 이를 정리하면,

$$6\left\{6k^2 + (2r-1)k\right\} = 2451 + \left[\frac{r}{2}\right] + \left[\frac{r}{3}\right] - r^2 \tag{1}$$

이다. 그런데, 좌변이 6의 배수이고, $2451 \equiv 3 \pmod 6$이므로,

$$\left[\frac{r}{2}\right] + \left[\frac{r}{3}\right] - r^2 \equiv 3 \pmod 6$$

이다. 이를 만족하는 r은 2뿐이고, 이를 식 (1)에 대입하면,

$$6(6k^2 + 3k) = 2448, \quad 2k^2 + k - 136 = 0, \quad (k-8)(2k+17) = 0$$

이다. 그러므로 $k = 8$이다. 따라서 $x = 6 \times 8 + 2 = 50$이다. $\square$

예제 1.110 (KMO, '2012) 방정식 $\left[\frac{x}{2}\right] + \left[\frac{x}{3}\right] + \left[\frac{x}{6}\right] = x - 2$의 양수해 중 1000을 넘지 않는 것의 개수를 구하여라. 단, $[x]$는 x를 넘지 않는 최대 정수이다.

풀이 : $\left[\frac{x}{2}\right] + \left[\frac{x}{3}\right] + \left[\frac{x}{6}\right] = x - 2$에서 좌변이 정수이므로, x는 정수이다. 이제 2, 3, 6의 최소공배수가 6임을 이용하여 $x = 6k + r$(단, k, r는 정수, $0 \le r \le 5$)라 두면,

$$\left[\frac{6k+r}{2}\right] = 3k + \left[\frac{r}{2}\right], \left[\frac{6k+r}{3}\right] = 2k + \left[\frac{r}{3}\right], \left[\frac{6k+r}{6}\right] = k$$

이므로, 이를 주어진 식에 대입하여 정리하면

$$\left[\frac{r}{2}\right] + \left[\frac{r}{3}\right] = r - 2$$

이다. 이를 만족하는 r은 5뿐이다. 따라서 $x = 6k + 5$(단, $k = 0, 1, \cdots, 165$)이다. 그러므로 구하는 x의 개수는 166개이다. $\square$

예제 1.111 (KMO, '2013) 양의 정수 n 중에서

$$p = \left[\frac{n^2}{7}\right]$$

가 300이하의 소수가 되는 것의 개수를 구하여라. 단, $[x]$는 x를 넘지 않는 가장 큰 정수이다.

풀이 : $n = 7k,\ 7k+1,\ 7k+2,\ 7k+3,\ 7k+4,\ 7k+5,\ 7k+6(k$는 음이 아닌 정수)인 경우로 나누어서 살펴보자.

(i) $n = 7k$일 때, $p = \left[\dfrac{n^2}{7}\right] = 7k^2$이다. p가 300이하의 소수가 되기 위해서는 $k = 1$뿐이다. 이 때, $n = 7$이다.

(ii) $n = 7k+1$일 때, $p = \left[\dfrac{n^2}{7}\right] = k(7k+2)$이다. p가 300이하의 소수가 되는 k가 존재하지 않는다.

(iii) $n = 7k+2$일 때, $p = \left[\dfrac{n^2}{7}\right] = k(7k+4)$이다. p가 300이하의 소수가 되기 위해서는 $k = 1$뿐이다. 이 때, $n = 9$이다.

(iv) $n = 7k+3$일 때, $p = \left[\dfrac{n^2}{7}\right] = 7k^2 + 6k + 1$이다. p가 300이하의 소수가 되려면 k는 짝수여야 한다. $k = 2$이면, $p = 41$(소수), $k = 4$이면, $p = 137$(소수), $k = 6$이면, $p = 289$(합성수), $k = 8$이면, p가 300보다 크므로, 구하는 $n = 17,\ 31$이다.

(v) $n = 7k+4$일 때, $p = \left[\dfrac{n^2}{7}\right] = 7k^2 + 8k + 2$이다. p가 300이하의 소수가 되려면 $k = 0$ 또는 k는 홀수여야 한다. $k = 0$이면, $p = 2$(소수), $k = 1$이면, $p = 17$(소수), $k = 3$이면, $p = 89$(소수), $k = 5$이면, $p = 217$(합성수), $k = 7$이면, p가 300보다 크므로, 구하는 $n = 4,\ 11,\ 25$이다.

(vi) $n = 7k+5$일 때, $p = \left[\dfrac{n^2}{7}\right] = 7k^2 + 10k + 3 = (7k+3)(k+1)$이다. p가 300이하의 소수가 되기 위해서는 $k = 0$뿐이다. 이 때 $n = 5$이다.

(vii) $n = 7k+6$일 때, $p = \left[\dfrac{n^2}{7}\right] = 7k^2 + 12k + 5 = (7k+5)(k+1)$이다. p가 300이하의 소수가 되기 위해서는 $k = 0$뿐이다. 이 때, $n = 6$이다.

따라서 주어진 조건을 만족하는 n은 4, 5, 6, 7, 9, 11, 17, 25, 31이다. 즉, 구하는 답은 9개이다.
□

예제 1.112 a는 양의 정수이고, 양의 실수 x에 대하여 방정식

$$x = \left[\frac{1}{2} \left(x + \frac{a}{x} \right) \right] \tag{$*$}$$

가 해를 갖지 않을 때, a가 될 수 있는 수들을 작은 순서부터 a_1, a_2, a_3, $\cdots$라 하자. 다음 물음에 답하여라. 단, $[x]$는 x를 넘지 않는 최대의 정수이다.

 (1) $a = 7$, $a = 8$, $a = 9$일 때, 방정식 $(*)$가 해를 갖는지 확인하고, 해를 갖으면 해를 구하여라.

 (2) a_1, a_2를 구하여라.

 (3) $\dfrac{1}{a_1} + \dfrac{1}{a_2} + \cdots + \dfrac{1}{a_{98}}$를 구하여라.

풀이 :

 (1) $(*)$의 우변이 정수이므로, x도 정수이다. 또,

$$\begin{aligned} x = \left[\frac{1}{2} \left(x + \frac{a}{x} \right) \right] \quad &\Leftrightarrow \quad x \leq \frac{1}{2} \left(x + \frac{a}{x} \right) < x + 1 \\ &\Leftrightarrow \quad 2x^2 \leq x^2 + a < 2x^2 + 2x \\ &\Leftrightarrow \quad x^2 \leq a \text{ 이고, } x^2 + 2x - a > 0 \\ &\Leftrightarrow \quad -1 + \sqrt{1 + a} < x \leq \sqrt{a} \tag{$\dagger$} \end{aligned}$$

이다.

 (i) $a = 7$일 때, 식 $(\dagger)$에 대입하면, $-1 + 2\sqrt{2} < x \leq \sqrt{7}$이다. 이를 만족하는 $x = 2$이다.

 (ii) $a = 8$일 때, 식 $(\dagger)$에 대입하면, $2 < x \leq \sqrt{8}$이다. 이를 만족하는 x는 없다.

(iii) $a = 9$일 때, 식 (†)에 대입하면, $-1 + \sqrt{10} < x \leq 3$이다. 이를 만족하는 $x = 3$이다.

그러므로 $a = 7$일 때, 해 $x = 2$를 갖고, $a = 8$일 때, 해가 없으며, $a = 9$일 때, 해 $x = 3$을 갖는다.

(2) (1)의 풀이의 식 (†)을 이용하자.

  (i) $a = 1$을 대입하면, $-1 + \sqrt{2} < x \leq 1$이다. 이를 만족하는 $x = 1$이다.

  (ii) $a = 2$를 대입하면, $-1 + \sqrt{3} < x \leq \sqrt{2}$이다. 이를 만족하는 $x = 1$이다.

  (iii) $a = 3$을 대입하면, $-1 + 2 < x \leq \sqrt{3}$이다. 이를 만족하는 x는 없다. 즉, $a_1 = 3$이다.

  (iv) $a = 4$를 대입하면, $-1 + \sqrt{5} < x \leq 2$이다. 이를 만족하는 $x = 2$이다.

  (v) $a = 5$를 대입하면, $-1 + \sqrt{6} < x \leq \sqrt{5}$이다. 이를 만족하는 $x = 2$이다.

  (vi) $a = 6$을 대입하면, $-1 + \sqrt{7} < x \leq \sqrt{6}$이다. 이를 만족하는 $x = 2$이다.

이제, (1)의 풀이에서 $a_2 = 8$임을 알 수 있다. 따라서 $a_1 = 3$, $a_2 = 8$이다.

(3) (1), (2)의 풀이에서 $1 + a$가 제곱수이면, x가 존재하지 않음을 증명하자. 즉, $a_n = (n + 1)^2 - 1$임을 증명하자. $1 + a$가 제곱수가 아닐 때와 제곱수일 때를 나누어 살펴보자.

  (i) $1 + a$가 제곱수가 아니면, 즉, $a = n^2, n^2 + 1, \cdots, (n + 1)^2 - 2(n = 1, 2, \cdots)$이면 $n \leq \sqrt{a} < n + 1$, $n < \sqrt{1 + a} < n + 1$이 되어 $-1 + \sqrt{1 + a} < n \leq \sqrt{a}$이다. 그러므로 식 (†)를 만족하는 $x = n$이다.

  (ii) $1 + a$가 제곱수이면, 즉, $a = (n + 1)^2 - 1(n = 1, 2, \cdots)$이면 $n < \sqrt{a} < n + 1$, $\sqrt{1 + a} = n + 1$이 되어 $-1 + \sqrt{1 + a} = n < \sqrt{a} < n + 1$이다. 그러므로 식 (†)를 만족하는 x가 존재하지 않는다.

따라서 $a_n = (n+1)^2 - 1 = n(n+2)$이다. 그러므로

$$
\begin{aligned}
\frac{1}{a_1} + \frac{1}{a_2} + \cdots + \frac{1}{a_{98}} &= \sum_{n=1}^{98} \frac{1}{n(n+2)} \\
&= \sum_{n=1}^{98} \frac{1}{2}\left(\frac{1}{n} - \frac{1}{n+2}\right) \\
&= \frac{1}{2}\left(1 + \frac{1}{2} - \frac{1}{99} - \frac{1}{100}\right) \\
&= \frac{14651}{19800}
\end{aligned}
$$

이다. 따라서 구하는 답은 $\dfrac{14651}{19800}$이다.   □

정의 1.113 소수 p, 음이 아닌 정수 e, 양의 정수 n에 대하여, 기호 $p^e \parallel n$은 p^e은 n의 약수이지만, p^{e+1}은 n의 약수가 아니라는 뜻이다. 이 때, e를 p-지수라고 한다.

정리 1.114 (p-지수의 성질) p를 소수라고 하자. 양의 정수 n에 대하여 $n!$의 p-지수를 e라고 하면,

$$
e = \left[\frac{n}{p}\right] + \left[\frac{n}{p^2}\right] + \left[\frac{n}{p^3}\right] + \cdots
$$

이다. 여기서 우변의 합은 유한 합이고, $n! = 1 \times 2 \times 3 \times \cdots \times n$이다.

예제 1.115 (KMO, '1987) $1987! = 1 \cdot 2 \cdot 3 \cdots 1987$을 $a \times 10^n$인 꼴로 나타낼 때, n을 구하여라. (단, a는 10의 배수가 아니다.)

풀이 : $1987! = 2^\alpha \cdot 3^\beta \cdot 5^\gamma \cdots$인 꼴로 나타내었을 때, α와 γ 중 작은 쪽을 n라 하면, $1997! = a \cdot 10^n$이 된다. 그러므로 $n = \left[\dfrac{1987}{5}\right] + \left[\dfrac{1987}{25}\right] + \left[\dfrac{1987}{125}\right] + \left[\dfrac{1987}{625}\right] = 494$이다.   □

예제 1.116 (KMO, '2010) 양의 정수 n에 대하여 $f(n)$은 완전제곱이 아닌 양의 정수 중 n 번째 수라고 하자. 예를 들어, $f(1) = 2$, $f(2) = 3$, $f(3) = 5$, $f(4) = 6$이다. 이 때, $f(2010)$을 1000으로 나눈 나머지를 구하여라.

풀이 : $f(n) = m$일 경우, $n = m - [\sqrt{m}]$이다. $m = 45^2 + 1$을 대입하면 $n = 1981$이고, $m = 46^2 + 1$을 대입하면 $n = 2071$이다. 따라서 $2010 - 1981 = 29$이므로, $f(2010) = (45^2 + 1) + 29 = 2055$이다. 그러므로 $f(2010)$을 1000을 나눈 나머지는 55이다. □

정리 1.117 p가 소수일 때,

$$(a + b)^p = a^p + \binom{p}{1}a^{p-1}b + \cdots + \binom{p}{p-1}ab^{p-1} + b^p$$

에서 a^p와 b^p를 제외한 항의 계수는 모두 p의 배수이다.

제 7 절   연습문제

연습문제 1.1 ★————————————————————————————

음이 아닌 정수 n에 대하여 $3^n \geq 2^n$임을 보여라.

연습문제 1.2 ★★————————————————————————————

2이상의 모든 자연수 n에 대하여

$$\frac{1}{2^2} + \frac{1}{3^2} + \frac{1}{4^2} + \cdots + \frac{1}{n^2} < 1$$

이 성립함을 보여라.

연습문제 1.3 ★——————————————————————————————————————

모든 자연수 n에 대하여,

$$1^2 + 4^2 + 7^2 + 10^2 + \cdots + (3n-2)^2 = \frac{n(6n^2 - 3n - 1)}{2}$$

이 성립함을 증명하여라.

연습문제 1.4 ★★——————————————————————————————————————

평면 위에 서로 평행하지 않는 n개의 직선이 있다. 이들 직선 중 어느 세 직선도 한 점에서 만나지 않는다고 할 때, 이 n개의 직선으로 나누어진 평면의 영역의 개수가 $\dfrac{n^2 + n + 2}{2}$임을 증명하여라.

연습문제 1.5 ★————————————————————————————

등비수열의 합

$$a + ar + ar^2 + \cdots + ar^{n-1} = \frac{a(r^n - 1)}{r - 1}$$

이 성립함을 수학적 귀납법으로 증명하여라.

연습문제 1.6 ★★————————————————————————————

모든 자연수 n에 대하여

$$1^3 + 2^3 + \cdots + n^3 = (1 + 2 + \cdots + n)^2$$

이 성립함을 수학적귀납법으로 증명하여라.

연습문제 1.7 ★★★★——————————————————————————

2이상의 모든 자연수 n에 대하여

$$\sqrt{2\sqrt{3\sqrt{4\cdots(n-1)\sqrt{n}}}} < 3$$

임을 증명하여라.

연습문제 1.8 ★★★——————————————————————————

음이 아닌 모든 정수 n에 대하여, $3^{n+1} \mid (2^{3^n} + 1)$이 성립함을 증명하여라.

연습문제 1.9 ★★

피보나치 수열 $F(n)$이

$$F(0) = 0, \quad F(1) = 1, \quad F(n) = F(n-1) + F(n-2) \ (n > 1)$$

로 정의되었다. $a = \dfrac{1 + \sqrt{5}}{2}$, $b = \dfrac{1 - \sqrt{5}}{2}$ 라고 하면, $F(n) = \dfrac{a^n - b^n}{a - b}$ 가 성립함을 증명하여라.

연습문제 1.10 ★

정수 a, b, c, d에 대하여, $(a - c) \mid (ab + cd)$이면 $(a - c) \mid (ad + bc)$이 성립함을 보여라. 단, $a \neq c$이다.

연습문제 1.11 ★————————————————————————————————

모든 정수 n에 대하여, $6 \mid (n^3 + 5n)$이 성립함을 보여라.

연습문제 1.12 ★★————————————————————————————————

정수 a, b, c에 대하여, $6 \mid (a + b + c)$이면 $6 \mid (a^3 + b^3 + c^3)$이 성립함을 보여라.

연습문제 1.13 ★★————————————————————————

모든 정수 n에 대하여, $30 \mid (n^5 - n)$이 성립함을 보여라.

연습문제 1.14 ★—————————————————————————

정수 a, b에 대하여, $3 \mid (a^2 + b^2)$이면 $3 \mid a$, $3 \mid b$이 성립함을 보여라.

연습문제 1.15 ★★ ───

정수 n에 대하여, $120 \mid (n^5 - 5n^3 + 4n)$이 성립함을 보여라.

연습문제 1.16 ★★★ ──

$4 \times \overline{abcd} = \overline{dcba}$를 만족하는 네 자리 수 $\overline{abcd}$를 모두 구하여라.

연습문제 1.17 ★★★————————————————————————————

$4 \times \overline{abcde} = \overline{edcba}$를 만족하는 다섯 자리 수 $\overline{abcde}$를 모두 구하여라.

연습문제 1.18 ★★————————————————————————————

정수 a, b에 대하여, $9 \mid (a^2 + ab + b^2)$이면, $3 \mid a$이고, $3 \mid b$임을 증명하여라.

연습문제 1.19 ★★───────────────────────────────────

임의의 양의 홀수 n에 대하여, $2^9 \mid (n^{12} - n^8 - n^4 + 1)$임을 증명하여라.

연습문제 1.20 ★─────────────────────────────────────

양의 정수 n에 대하여, $\gcd(n, n+1) = 1$임을 증명하여라.

연습문제 1.21 ★★_____

정수 a, b에 대하여 $\gcd(5a + 3b, 13a + 8b) = \gcd(a, b)$임을 증명하여라.

연습문제 1.22 ★_____

정수 n에 대하여, $\gcd(2n - 1, 2n + 1) = 1$임을 증명하여라.

연습문제 1.23 ★——————————————————————————————

정수 n에 대하여 $\dfrac{12n+1}{30n+2}$가 기약분수임을 보여라.

연습문제 1.24 ★——————————————————————————————

양의 정수 n에 대하여 $\dfrac{21n+4}{14n+3}$가 기약분수임을 보여라.

연습문제 1.25 ★

$\dfrac{83}{17} = a + \dfrac{1}{b + \dfrac{1}{c + \dfrac{1}{d}}}$ 를 만족하는 자연수 a, b, c, d를 구하여라.

연습문제 1.26 ★★

양의 정수 n에 대하여, $\gcd(3n + 2, 5n + 3) = 1$임을 증명하여라.

연습문제 1.27 ★★───────────────────────────

세 개의 양의 약수를 갖는 양의 정수는 어떤 꼴인가?

연습문제 1.28 ★★★───────────────────────────

네 개의 양의 약수를 갖는 양의 정수는 어떤 꼴인가?

연습문제 1.29 ★
a, b는 정수이고, p가 소수일 때, $p \mid b$이고, $p \mid (a^2 + b^2)$이면 $p \mid a$임을 증명하여라.

연습문제 1.30 ★
세 유리수 $\frac{n}{14}$, $\frac{n^2}{196}$, $\frac{n^3}{441}$이 모두 양의 정수가 되도록 하는 정수 n의 최솟값을 구하여라.

연습문제 1.31 ★★★————————————————————————

소수 p에 대하여, $3p + 1$이 완전제곱수가 될 때, 이를 만족하는 p를 모두 구하여라.

연습문제 1.32 ★★————————————————————————————

p가 5이상의 소수일 때, $p^2 + 2$는 합성수임을 증명하여라.

연습문제 1.33 ★★★————————————————————————

임의의 양의 정수 n에 대하여 연속된 n개의 정수가 모두 합성수인 경우가 존재함을 증명하여라.

연습문제 1.34 ★★————————————————————————

방정식 $71x + 45y = 32$를 만족하는 정수해 x, y를 구하여라.

연습문제 1.35 ★★─────────────────────────────────────

방정식 $6x - 5y = 13$를 만족하는 양의 정수해 x, y를 구하여라.

연습문제 1.36 ★★★───────────────────────────────────

방정식 $4x + 7y = -5$를 만족하는 양의 정수해 x, y를 구하여라.

연습문제 1.37 ★★───────────────────────────

방정식 $77x + 42y = 35$를 만족하는 정수해 x, y를 구하여라.

연습문제 1.38 ★★───────────────────────────

디오판틴 방정식 $x + 2y + 2z = 3$을 풀어라.

연습문제 1.39 ★★───────────────────────────────

디오판틴 방정식 $4x + 2y + 2z = 5$을 풀어라.

연습문제 1.40 ★★★──────────────────────────────

실수 x에 관한 다음 방정식 $\left[\dfrac{10^n}{x}\right] = 2009$가 정수해를 가질 때, 양의 정수 n의 최솟값을 구하여라. 단 $[x]$는 x를 넘지 않는 최대의 정수이다.

연습문제 1.41 ★ ————————————————————————

$2008!$이 5^{500}으로 나누어 떨어짐을 증명하여라.

연습문제 1.42 ★ ————————————————————————

부등식 $9[x]^2 - 244[x] + 27 < 0$을 풀어라. 단, $[x]$는 x를 넘지 않는 최대의 정수이다.

연습문제 1.43 ★★★────────────────────

실수 x가 $0 < x < 2$일 때, 방정식 $2[x^2] - 3[x] - 3 = 0$을 풀어라. 단, $[x]$는 x를 넘지 않는 최대의 정수이다.

연습문제 1.44 ★★★────────────────────

실수 x에 대하여

$$[x] + \left[x + \frac{1}{2}\right] = [2x]$$

가 성립함을 증명하여라.

연습문제 1.45 ★★★_____

직선 $y = \dfrac{2}{3}x + \dfrac{1}{4}$ 과 $x = 15$ 와 x축으로 이루어진 삼각형에 둘러싸인 격자점(x좌표와 y좌표가 모두 정수인 점)의 개수를 구하여라.

연습문제 1.46 ★★_____

300명 학생에게 숫자 4와 9가 쓰여지지 않은 번호표를 부여한다. 예를 들어, 첫번째 학생에게 1번, 두번째 학생에게는 2번, 세번째 학생에게는 3번, 네번째 학생에게는 5번, 다섯번째 학생에게는 6번, 여섯번째 학생에게는 7번, 일곱번째 학생에게는 8번, 여덟번째 학생에게는 10번, 아홉번째 학생에게는 11번, 이렇게 번호를 부여한다. 번호에 쓰여진 수가 217번인 학생은 몇번째 학생인가요?

연습문제 풀이

연습문제풀이 1.1 음이 아닌 정수 n에 대하여 $3^n \geq 2^n$임을 보여라.

풀이 :

 (i) $n = 0$일 때, $1 = 3^0 \geq 2^0 = 1$이므로 성립한다.

 (ii) $n = k$일 때, 성립한다고 가정하다. 즉 $3^k \geq 2^k$라고 하자. $n = k + 1$일 때 살펴보면

$$3^{k+1} = 3 \cdot 3^k \geq 3 \cdot 2^k = (2+1) \cdot 2^k = 2 \cdot 2^k + 2^k = 2^{k+1} + 2^k \geq 2^{k+1}$$

 이다. 따라서 $n = k + 1$일 때 성립한다.

따라서 (i)과 (ii)에 의하여 수학적 귀납법의 원리에 의하여 음이 아닌 정수 n에 대하여 $3^n \geq 2^n$ 이다. $\square$

연습문제풀이 1.2 2이상의 모든 자연수 n에 대하여

$$\frac{1}{2^2} + \frac{1}{3^2} + \frac{1}{4^2} + \cdots + \frac{1}{n^2} < 1$$

이 성립함을 보여라.

풀이 :
$$\frac{1}{2^2} + \frac{1}{3^2} + \frac{1}{4^2} + \cdots + \frac{1}{n^2} < \frac{1}{1 \cdot 2} + \frac{1}{2 \cdot 3} + \frac{1}{3 \cdot 4} + \cdots + \frac{1}{(n-1) \cdot n}$$

인 사실로 부터

$$\frac{1}{1 \cdot 2} + \frac{1}{2 \cdot 3} + \frac{1}{3 \cdot 4} + \cdots + \frac{1}{(n-1) \cdot n} < 1$$

임을 보이자. 그러기 위해서는 먼저

$$\frac{1}{1 \cdot 2} + \frac{1}{2 \cdot 3} + \frac{1}{3 \cdot 4} + \cdots + \frac{1}{(n-1) \cdot n} = \frac{n-1}{n}$$

이 성립함을 수학적 귀납법으로 원리로 보이자.

(i) $n = 2$일 때, 좌변과 우변이 모두 $\frac{1}{2}$이 되어 성립한다.

(ii) $n = k$일 때, 성립한다고 가정하자. 즉,

$$\frac{1}{1 \cdot 2} + \frac{1}{2 \cdot 3} + \frac{1}{3 \cdot 4} + \cdots + \frac{1}{(k-1) \cdot k} = \frac{k-1}{k}$$

이다. 이제 $n = k + 1$일 때를 살펴보자.

$$\frac{1}{1 \cdot 2} + \frac{1}{2 \cdot 3} + \frac{1}{3 \cdot 4} + \cdots + \frac{1}{(k-1) \cdot k} + \frac{1}{k \cdot (k+1)}$$
$$= \frac{k-1}{k} + \frac{1}{k \cdot (k+1)} = \frac{(k-1)(k+1) - 1}{k \cdot (k+1)} = \frac{k}{k+1}$$

이다. 따라서 $n = k + 1$일 때 성립한다.

따라서 (i), (ii)에 의하여, $n \geq 2$인 자연수에 대하여

$$\frac{1}{1 \cdot 2} + \frac{1}{2 \cdot 3} + \frac{1}{3 \cdot 4} + \cdots + \frac{1}{(n-1) \cdot n} = \frac{n-1}{n}$$

이 성립한다. 즉, $n \geq 2$인 자연수에 대하여

$$\frac{1}{2^2} + \frac{1}{3^2} + \frac{1}{4^2} + \cdots + \frac{1}{n^2} < 1$$

이다. $\square$

연습문제풀이 1.3 모든 자연수 n에 대하여,

$$1^2 + 4^2 + 7^2 + 10^2 + \cdots + (3n-2)^2 = \frac{n(6n^2 - 3n - 1)}{2}$$

이 성립함을 증명하여라.

풀이 :

(i) $n = 1$일 때, $1^2 = \frac{1 \cdot (6 - 3 - 1)}{2} = 1$이므로, 성립한다.

(ii) $n = k$일 때, 성립한다고 가정하자. 즉,

$$1^2 + 4^2 + \cdots + (3k - 2)^2 = \frac{k(6k^2 - 3k - 1)}{2}$$

이 성립한다. 이제 $n = k + 1$일 때를 살펴보자.

$$
\begin{aligned}
1^2 + 4^2 + \cdots + (3k - 2)^2 + (3k + 1)^2 &= \frac{k(6k^2 - 3k - 1)}{2} + (3k + 1)^2 \\
&= \frac{6k^3 - 3k^2 - k}{2} + \frac{18k^2 + 12k + 2}{2} \\
&= \frac{6k^3 + 15k^2 + 11k + 2}{2} \\
&= \frac{(k + 1)(6k^2 + 9k + 2)}{2} \\
&= \frac{(k + 1)(6(k + 1)^2 - 3(k + 1) - 1)}{2}
\end{aligned}
$$

이다. 따라서 $n = k + 1$일 때 성립한다.

따라서 (i), (ii)로부터 수학적 귀납법의 원리에 의하여, 모든 자연수 n에 대하여,

$$1^2 + 4^2 + 7^2 + 10^2 + \cdots + (3n - 2)^2 = \frac{n(6n^2 - 3n - 1)}{2}$$

이 성립한다.   □

연습문제풀이 1.4 평면 위에 서로 평행하지 않는 n개의 직선이 있다. 이들 직선 중 어느 세 직선도 한 점에서 만나지 않는다고 할 때, 이 n개의 직선으로 나누어진 평면의 영역의 개수가 $\frac{n^2 + n + 2}{2}$임을 증명하여라.

풀이 :

(i) $n = 0$일 때, 직선이 한 개도 없으면 영역 1개이므로 참이다.

(ii) $n = k$일 때, 성립한다고 가정하자. 즉, 주어진 조건을 만족하는 k개의 직선이 있으면, $\frac{k^2 + k + 2}{2}$개의 영역으로 나누어진다. 이제 $n = k + 1$일 때를 살펴보자. 즉 k개의

직선에 모두 만나도록 $k+1$번째 직선을 그으면, $k+1$개의 영역이 새롭게 생긴다. 즉,

$$\frac{k^2+k+2}{2} + (k+1) = \frac{(k+1)^2+(k+1)+2}{2}$$

이다. 따라서 $n = k+1$일 때 성립한다.

따라서 (i), (ii)로 부터 수학적 귀납법의 원리에 의하여 성립한다.

연습문제풀이 1.5 등비수열의 합

$$a + ar + ar^2 + \cdots + ar^{n-1} = \frac{a(r^n-1)}{r-1}$$

이 성립함을 수학적 귀납법으로 증명하여라.

풀이 :

(i) $n = 1$일 때, 좌변과 우변이 모두 a가 되어 성립한다.

(ii) $n = k$일 때, 성립한다고 가정하자. 즉,

$$a + ar + ar^2 + \cdots + ar^{k-1} = \frac{a(r^k-1)}{r-1}$$

이다. 이제 $n = k+1$일 때를 살펴보자.

$$\begin{aligned}
a + ar + ar^2 + \cdots + ar^{k-1} + ar^k &= \frac{a(r^k-1)}{r-1} + ar^k \\
&= \frac{ar^k - a + ar^{k+1} - ar^k}{r-1} \\
&= \frac{a(r^{k+1}-1)}{r-1}
\end{aligned}$$

이다. 따라서 $n = k+1$일 때 성립한다.

따라서 (i), (ii)로 부터 수학적 귀납법의 원리에 의하여 성립한다.

연습문제풀이 1.6 모든 자연수 n에 대하여

$$1^3 + 2^3 + \cdots + n^3 = (1 + 2 + \cdots + n)^2$$

이 성립함을 수학적귀납법으로 증명하여라.

풀이 :

  (i) $n = 1$일 때, 좌변과 우변이 모두 1가 되어 성립한다.

  (ii) $n = k$일 때, 성립한다고 가정하자. 즉,

$$1^3 + 2^3 + \cdots + k^3 = (1 + 2 + \cdots + k)^2$$

이다. 이제 $n = k + 1$일 때를 살펴보자.

$$\begin{aligned}
1^3 + 2^3 + \cdots + k^3 + (k+1)^3 &= (1 + 2 + \cdots + k)^2 + (k+1)^3 \\
&= \left(\frac{k(k+1)}{2}\right)^2 + (k+1)^3 \\
&= \frac{k^2(k+1)^2 + 4(k+1)^3}{4} \\
&= \frac{(k+1)^2(k^2 + 4k + 4)}{4} \\
&= \left(\frac{(k+1)(k+2)}{2}\right)^2 \\
&= (1 + 2 + \cdots + k + (k+1))^2
\end{aligned}$$

이다. 따라서 $n = k + 1$일 때 성립한다.

따라서 (i), (ii)로 부터 수학적 귀납법의 원리에 의하여 성립한다.

연습문제풀이 1.7 2이상의 모든 자연수 n에 대하여

$$\sqrt{2\sqrt{3\sqrt{4 \cdots (n-1)\sqrt{n}}}} < 3$$

임을 증명하여라.

풀이 : 이것을 보이기 위해서 더 일반적인 경우를 살펴보자.

양의 정수 m, n에 대하여 $m \le n$일 때,

$$\sqrt{m\sqrt{(m+1)\sqrt{(m+2)\cdots(n-1)\sqrt{n}}}} < m+1$$

이 성립함을 보이자. 그러면 $m = 2$일 때가 우리가 원하는 결과가 된다. 먼저 $m = n$일 때, $\sqrt{n} < n+1$이 되어 성립한다. $m < n$일 때,

$$\sqrt{(m+1)\sqrt{(m+2)\sqrt{(m+3)\cdots(n-1)\sqrt{n}}}} < m+2$$

가 성립한다고 하자. 그러면 양변에 m을 곱하고, 제곱근을 씌우면

$$\sqrt{m\sqrt{(m+1)\sqrt{(m+2)\sqrt{(m+3)\cdots(n-1)\sqrt{n}}}}} < \sqrt{m(m+2)} < m+1$$

이다. 따라서 $m = 2$이라고 놓으면, 2이상의 모든 자연수 n에 대하여

$$\sqrt{2\sqrt{3\sqrt{4\cdots(n-1)\sqrt{n}}}} < 3$$

이다.   □

연습문제풀이 1.8 음이 아닌 모든 정수 n에 대하여, $3^{n+1} \mid (2^{3^n} + 1)$이 성립함을 증명하여라.

풀이 :

 (i) $n = 0$일 때, $3 \mid 3$이 되어 성립한다.

 (ii) $n = k$일 때, 성립한다고 가정하자. 즉,

$$3^{k+1} \mid (2^{3^k} + 1)$$

  이 성립한다. 이제 $n = k+1$일 때를 살펴보자.

$$2^{3^{k+1}} + 1 = (2^{3^k})^3 + 1$$
$$= (2^{3^k} + 1)(2^{2 \cdot 3^k} - 2^{3^k} + 1)$$

이다. $3^{k+1} \mid (2^{3^k} + 1)$이므로 우리가 보일 것은

$$3 \mid (2^{2 \cdot 3^k} - 2^{3^k} + 1)$$

이다. 그런데,

$$2^{2 \cdot 3^k} \equiv 1 \pmod 3, \quad 2^{3^k} \equiv 2 \pmod 3$$

이다. 따라서

$$2^{2 \cdot 3^k} - 2^{3^k} + 1 \equiv 0 \pmod 3$$

이다. 그러므로

$$3^{k+2} \mid (2^{3^{k+1}} + 1)$$

이다. $n = k + 1$일 때 성립한다.

따라서 (i), (ii)로부터 수학적 귀납법의 원리에 의하여 음이 아닌 모든 정수 n에 대하여, $3^{n+1} \mid (2^{3^n} + 1)$이 성립한다.

연습문제풀이 1.9 피보나치 수열 $F(n)$이

$$F(0) = 0, \quad F(1) = 1, \quad F(n) = F(n-1) + F(n-2) \ (n > 1)$$

로 정의되었다. $a = \dfrac{1 + \sqrt{5}}{2}, b = \dfrac{1 - \sqrt{5}}{2}$라고 하면, $F(n) = \dfrac{a^n - b^n}{a - b}$가 성립함을 증명하여라.

풀이 :

  (i) $n = 0$일 때, $F(0) = 0$이므로 성립한다.

  (ii) $n = 1$일 때, $F(1) = 1$이므로 성립한다.

  (iii) $n = k$일 때 성립한다고 가정하자. 그러면

$$F(k-1) = \frac{a^{k-1} - b^{k-1}}{a - b}$$
$$F(k) = \frac{a^k - b^k}{a - b}$$

가 성립한다. 이제 $n = k + 1$일 때를 살펴보자.

$$F(k + 1) = F(k - 1) + F(k)$$
$$= \frac{a^{k-1} + a^k - b^{k-1} - b^k}{a - b}$$
$$= \frac{a^{k-1}(1 + a) - b^{k-1}(1 + b)}{a - b}$$

이다. 그런데, a, b는 $x^2 = x + 1$의 두 근이므로 $1 + a = a^2$, $1 + b = b^2$이다. 따라서

$$F(k + 1) = \frac{a^{k+1} - b^{k+1}}{a - b}$$

이다. 따라서 $n = k + 1$일 때 성립한다.

따라서 (i), (ii), (iii)에 의하여, $F(n) = \dfrac{a^n - b^n}{a - b}$이다. $\quad\square$

연습문제풀이 1.10 정수 a, b, c, d에 대하여, $(a - c) \mid (ab + cd)$이면 $(a - c) \mid (ad + bc)$이 성립함을 보여라. 단, $a \neq c$이다.

풀이 :

$$(ab + cd) - (ad + bc) = a(b - d) - c(b - d) = (a - c)(b - d)$$

이므로, $(a-c) \mid \{(ab+cd)-(ad+bc)\}$이다. 그런데, $(a-c) \mid (ab+cd)$이므로 $(a-c) \mid (ad+bc)$이다. $\quad\square$

연습문제풀이 1.11 모든 정수 n에 대하여, $6 \mid (n^3 + 5n)$이 성립함을 보여라.

풀이 :

$$n^3 + 5n = n^3 - n + 6n = (n - 1)n(n + 1) + 6n$$

이다. 그런데, 연속된 세 정수의 곱 $(n-1)n(n+1)$과 $6n$은 6의 배수이므로 $6 \mid (n^3 + 5n)$이다. $\square$

연습문제풀이 1.12 정수 a, b, c에 대하여, $6 \mid (a+b+c)$이면 $6 \mid (a^3+b^3+c^3)$이 성립함을 보여라.

풀이 :

$$(a^3+b^3+c^3) - (a+b+c) = (a^3-a) + (b^3-b) + (c^3-c)$$
$$= (a-1)a(a+1) + (b-1)b(b+1) + (c-1)c(c+1)$$

이므로 $6 \mid \{(a^3+b^3+c^3) - (a+b+c)\}$이다. 그런데, $6 \mid (a+b+c)$이므로 $6 \mid (a^3+b^3+c^3)$이다. □

연습문제풀이 1.13 모든 정수 n에 대하여, $30 \mid (n^5 - n)$이 성립함을 보여라.

풀이 :

$$n^5 - n = n(n^4 - 1) = (n-1)n(n+1)(n^2+1)$$

이다. 그런데, 연속된 세 정수의 곱은 6의 배수이므로 $n^5 - n$가 5의 배수임을 보이면 된다.

(i) $n = 5k$(k는 정수)일 때, n이 5의 배수이므로 $n^5 - n$은 5의 배수이다.

(ii) $n = 5k + 1$(k는 정수)일 때, $n - 1$이 5의 배수이므로 $n^5 - n$은 5의 배수이다.

(iii) $n = 5k + 2$(k는 정수)일 때, $n^2 + 1$이 5의 배수이므로 $n^5 - n$은 5의 배수이다.

(iv) $n = 5k + 3$(k는 정수)일 때, $n^2 + 1$이 5의 배수이므로 $n^5 - n$은 5의 배수이다.

(v) $n = 5k + 4$(k는 정수)일 때, $n + 1$이 5의 배수이므로 $n^5 - n$은 5의 배수이다.

그러므로 (i)~(v)로부터 $n^5 - n$은 5의 배수이다. 따라서 $n^5 - n$은 30의 배수이다. □

연습문제풀이 1.14 정수 a, b에 대하여, $3 \mid (a^2 + b^2)$이면 $3 \mid a$, $3 \mid b$이 성립함을 보여라.

풀이 : 임의의 정수 n에 대하여 n^2을 3으로 나누면 나머지가 0 또는 1이다. 따라서 $a^2 + b^2$이 3의 배수가 되는 경우는 a, b가 모두 3의 배수일 때 뿐이다. 즉, $3 \mid a$, $3 \mid b$이다. □

연습문제풀이 1.15 정수 n에 대하여, $120 \mid (n^5 - 5n^3 + 4n)$이 성립함을 보여라.

풀이 :

$$n^5 - 5n^3 + 4n = n(n^4 - 5n^2 + 4)$$
$$= n(n^2 - 4)(n^2 - 1)$$
$$= (n - 2)(n - 1)n(n + 1)(n + 2)$$

이다. 이것은 5개의 연속된 정수의 곱이므로 $5! = 120$의 배수이다. □

연습문제풀이 1.16 $4 \times \overline{abcd} = \overline{dcba}$를 만족하는 네 자리 수 $\overline{abcd}$를 모두 구하여라.

풀이 : $4 \times \overline{abcd} = \overline{dcba}$에서, $3 \times 4000 = 12000$이므로 $a < 3$이다. 그런데, $\overline{dcba}$는 짝수이므로 a는 짝수이어야 하므로 $a = 2$이다. 그러므로 $4 \times \overline{2bcd} = \overline{dcb2}$이다. 여기서, $d \geq 8$이고, 4와 d의 곱의 일의 숫자가 2여야 하므로 $d = 8$이다. 양변을 전개하여 비교하면

$$8000 + 400b + 40c + 32 = 8000 + 100c + 10b + 2$$

이고, 이를 정리하면,

$$390b + 30 = 60c$$

이다. 즉, $13b + 1 = 2c$이다. 그런데, 우변이 2의 배수이므로 b는 홀수여야 하고, $2c \leq 18$이므로 $b = 1$, $c = 7$이다. 따라서 $\overline{abcd}$는 2178뿐이다. □

연습문제풀이 1.17 $4 \times \overline{abcde} = \overline{edcba}$를 만족하는 다섯 자리 수 $\overline{abcde}$를 모두 구하여라.

풀이 : $4 \times \overline{abcde} = \overline{edcba}$에서, $3 \times 4000 = 12000$이므로 $a < 3$이다. 그런데, $\overline{edcba}$는 짝수이므로 a는 짝수이어야 하므로 $a = 2$이다. 그러므로 $4 \times \overline{2bcde} = \overline{edcb2}$이다. 여기서, $e \geq 8$이고, 4와 e의 곱의 일의 숫자가 2여야 하므로 $e = 8$이다. 양변을 전개하여 비교하면

$$80000 + 4000b + 400c + 40d + 32 = 80000 + 1000d + 100c + 10b + 2$$

이고, 이를 정리하면,

$$3990b + 300c + 30 = 960d$$

이다. 즉, $133b + 10c + 1 = 32d$이다. 그런데, 우변이 2의 배수이므로 b는 홀수여야 하고, $32d \leq 288$이므로 $b = 1$이다. 결과적으로

$$134 + 10c = 32d$$

를 만족하는 정수쌍 (c, d)를 구하면 된다. 양변의 일의 자리 수를 비교하면 d가 될 수 있는 수는 2, 7뿐인데, $32d \geq 1334$이므로 $d = 7$이다. 그러므로 $c = 9$이다. 따라서 $\overline{abcde}$는 21978 뿐이다.   □

연습문제풀이 1.18 정수 a, b에 대하여, $9 \mid (a^2+ab+b^2)$이면, $3 \mid a$이고, $3 \mid b$임을 증명하여라.

풀이 :

$$a^2 + ab + b^2 = (a - b)^2 + 3ab$$

이다. $9 \mid (a^2 + ab + b^2)$이고, 제곱수는 3으로 나누면 나머지가 0 또는 1이므로 $9 \mid (a - b)^2$, $9 \mid 3ab$이다. 즉, $3 \mid (a - b)$, $3 \mid ab$이다. 따라서 $3 \mid ab$이므로 $3 \mid a$라고 하면 $3 \mid (a - b)$에 의하여 $3 \mid b$이다. 마찬가지로 $3 \mid b$라고 하면 $3 \mid (a - b)$에 의하여 $3 \mid a$이다.   □

연습문제풀이 1.19 (Baltic, '1993) 임의의 양의 홀수 n에 대하여, $2^9 \mid (n^{12} - n^8 - n^4 + 1)$ 임을 증명하여라.

풀이 :

$$n^{12} - n^8 - n^4 + 1 = (n^4 - 1)(n^8 - 1)$$
$$= (n^4 + 1)(n^2 + 1)^2(n + 1)^2(n - 1)^2$$

이다. n이 양의 홀수이면 n^4+1, n^2+1, $n+1$, $n-1$이 모두 짝수이므로 여기서, 2^7의 약수임을 알 수 있다. 또한, $n+1$ 또는 $n-1$는 4의 배수이므로 $n^{12} - n^8 - n^4 + 1$는 2^9의 배수이다. □

연습문제풀이 1.20 양의 정수 n에 대하여, $\gcd(n, n + 1) = 1$임을 증명하여라.

풀이 : $\gcd(n, n + 1) = \gcd(n, (n + 1) - n) = \gcd(n, 1) = 1$이다. □

연습문제풀이 1.21 정수 a, b에 대하여 $\gcd(5a + 3b, 13a + 8b) = \gcd(a, b)$임을 증명하여라.

풀이 :

$$\gcd(5a + 3b, 13a + 8b) = \gcd(5a + 3b, (13a + 8b) - 2(5a + 3b))$$
$$= \gcd(5a + 3b, 3a + 2b)$$
$$= \gcd((5a + 3b) - (3a + 2b), 3a + 2b)$$
$$= \gcd(2a + b, 3a + 2b)$$
$$= \gcd(2a + b, (3a + 2b) - (2a + b))$$
$$= \gcd(2a + b, a + b)$$
$$= \gcd((2a + b) - (a + b), a + b)$$
$$= \gcd(a, a + b)$$
$$= \gcd(a, (a + b) - a)$$
$$= \gcd(a, b)$$

이다. □

연습문제풀이 1.22 정수 n에 대하여, $\gcd(2n-1, 2n+1) = 1$임을 증명하여라.

풀이 : $\gcd(2n-1, 2n+1) = \gcd(2n-1, (2n+1)-(2n-1)) = \gcd(2n-1, 2) = 1$이다. $\quad\square$

연습문제풀이 1.23 정수 n에 대하여 $\dfrac{12n+1}{30n+2}$가 기약분수임을 보여라.

풀이 : $\gcd(12n+1, 30n+2) = \gcd(12n+1, 6n) = \gcd(1, 6n) = 1$이므로 $\dfrac{12n+1}{30n+2}$는 기약분수이다. $\quad\square$

연습문제풀이 1.24 양의 정수 n에 대하여 $\dfrac{21n+4}{14n+3}$가 기약분수임을 보여라.

풀이 : $\gcd(21n+4, 14n+3) = \gcd(7n+1, 14n+3) = \gcd(7n+1, 1) = 1$이므로 양의 정수 n에 대하여 $\dfrac{21n+4}{14n+3}$는 기약분수이다. $\quad\square$

연습문제풀이 1.25 $\dfrac{83}{17} = a + \dfrac{1}{b + \dfrac{1}{c + \dfrac{1}{d}}}$를 만족하는 자연수 a, b, c, d를 구하여라.

풀이 :

$$
\begin{array}{c|cc|c}
a = 4 & 83 & 17 & 1 = b \\
       & 68 & 15 & \\
\hline
       & 15 & 2 & \\
c = 7 & 15 & 2 & 2 = d \\
       & 14 & 2 & \\
\hline
       & 1 & 0 &
\end{array}
$$

이다. 즉, $a = 4$, $b = 1$, $c = 7$, $d = 2$이다. $\quad\square$

연습문제풀이 1.26 양의 정수 n에 대하여, $\gcd(3n+2, 5n+3) = 1$임을 증명하여라.

풀이 : $\gcd(3n+2, 5n+3) = \gcd(3n+2, 2n+1) = \gcd(n+1, 2n+1) = \gcd(n+1, -1) = 1$ 이다. 따라서 양의 정수 n에 대하여, $\gcd(3n+2, 5n+3) = 1$이다. $\square$

연습문제풀이 1.27 세 개의 양의 약수를 갖는 양의 정수는 어떤 꼴인가?

풀이 : $N = p_1^{e_1} \cdot p_2^{e_2} \cdots p_n^{e_n}$ 이라고 하자. 그러면 N의 양의 약수의 개수는 $(e_1+1)(e_2+1)\cdots(e_n+1)$이다. 그런데 세 개의 양의 약수를 갖기 위해서는 $2+1$의 경우밖에 없으므로, 반드시 $e_1 = 2$이고, 나머지 $e_i = 0(i = 2, \cdots, n)$이다. 따라서 양의 약수의 개수가 세 개인 정수는 p_1^2꼴이다. 즉, 소수의 제곱수일 때이다. $\square$

연습문제풀이 1.28 네 개의 양의 약수를 갖는 양의 정수는 어떤 꼴인가?

풀이 : $N = p_1^{e_1} \cdot p_2^{e_2} \cdots p_n^{e_n}$ 이라고 하자. 그러면 N의 양의 약수의 개수는 $(e_1+1)(e_2+1)\cdots(e_n+1)$이다. 그런데 네 개의 양의 약수를 갖기 위해서는 $3+1$, $(1+1)(1+1)$의 경우밖에 없으므로, 반드시 $e_1 = 3$, $e_2 = 0$ 또는 $e_1 = e_2 = 1$이고, 나머지 $e_i = 0(i = 3, \cdots, n)$이다. 따라서 양의 약수의 개수가 네 개인 정수는 p_1^3 또는 $p_1 p_2$꼴이다. 즉, 소수의 세제곱수 또는 두 소수의 곱일 때이다. $\square$

연습문제풀이 1.29 a, b는 정수이고, p가 소수일 때, $p \mid b$이고, $p \mid (a^2 + b^2)$이면 $p \mid a$임을 증명하여라.

풀이 : $p \mid b$이고, $p \mid (a^2 + b^2)$이므로 $p \mid \{(a^2 + b^2) - b \cdot b\}$이다. 즉, $p \mid a^2$이다. 그런데, 도움정리 1.69로 부터 $p \mid a$이다. $\square$

연습문제풀이 1.30 세 유리수 $\dfrac{n}{14}$, $\dfrac{n^2}{196}$, $\dfrac{n^3}{441}$이 모두 양의 정수가 되도록 하는 정수 n의 최솟

값을 구하여라.

풀이 : $14 = 2 \cdot 7$, $196 = 2^2 \cdot 7^2$, $441 = 3^2 \cdot 7^2$이므로 세 유리수 $\dfrac{n}{14}$, $\dfrac{n^2}{196}$, $\dfrac{n^3}{441}$가 정수가 되기 위해서는 2, 3, 7의 배수가 되어야 한다. 따라서 n의 최솟값은 42이다.   □

연습문제풀이 1.31 소수 p에 대하여, $3p + 1$이 완전제곱수가 될 때, 이를 만족하는 p를 모두 구하여라.

풀이 : $3p + 1 = n^2$이라 하면, $3p = n^2 - 1 = (n-1)(n+1)$이다.

 (i) $n - 1 = 1$, $n + 1 = 3p$일 때, $n = 2$, $p = 1$이 되어 p가 소수라는 사실에 모순된다.

 (ii) $n - 1 = 3$, $n + 1 = p$일 때, $n = 4$, $p = 5$이다.

 (iii) $n - 1 = p$, $n + 1 = 3$일 때, $n = 2$, $p = 1$이 되어 p가 소수라는 사실에 모순된다.

따라서 주어진 조건을 만족하는 소수 p는 5뿐이다.   □

연습문제풀이 1.32 p가 5이상의 소수일 때, $p^2 + 2$는 합성수임을 증명하여라.

풀이 : 5이상의 소수는 $6k \pm 1$(k는 양의 정수)의 꼴이므로 $p = 6k \pm 1$이라고 하자. 그러면

$$p^2 + 2 = 36k^2 \pm 12k + 3 = 3(12k^2 \pm 4k + 1)$$

이 되어 합성수임을 알 수 있다.   □

연습문제풀이 1.33 임의의 양의 정수 n에 대하여 연속된 n개의 정수가 모두 합성수인 경우가 존재함을 증명하여라.

풀이 : $N = (n+1)! + 1$이라 놓자. 그러면 모든 $k = 1, \cdots, n$에 대하여,

$$N + k = (n+1)! + (k+1) = (k+1) \left[\frac{(n+1)!}{k+1} + 1 \right]$$

이고, $\dfrac{(n+1)!}{k+1}$이 정수이므로 $N+k$는 1보다 큰 두 약수 $k+1$와 $\dfrac{(n+1)!}{k+1}+1$을 가지므로 합성수이다. 따라서 $N+1, N+2, \cdots, N+n$은 연속한 n개의 합성수이다. 즉, 연속한 n개의 정수가 모두 합성수인 경우가 존재한다. □

연습문제풀이 1.34 방정식 $71x+45y=32$를 만족하는 정수해 x, y를 구하여라.

풀이 : $\gcd(71, 45)=1$이므로 주어진 방정식은 무수히 많은 해를 갖는다. $71x+45y=1$의 한 해(특이해)를 구하면

$$x_0 = -19, \quad y_0 = 30$$

이다. 즉,

$$71 \cdot (-19) + 45 \cdot 30 = 1$$

이고 양변에 32를 곱하면

$$71 \cdot (-608) + 45 \cdot 960 = 32$$

가 된다. 즉, $x_1 = -608, y_1 = 960$이 $71x+45y=32$의 한 해가 된다. 따라서 $71x+45y=32$의 정수해는

$$x = 45k - 608, \quad y = -71k + 960$$

이다. 단, k는 정수이다. □

연습문제풀이 1.35 방정식 $6x-5y=13$를 만족하는 양의 정수해 x, y를 구하여라.

풀이 : 먼저 $x=3, y=1$일 때 주어진 방정식이 성립함을 알 수 있다. 즉, $x_0 = 3, y_0 = 1$이 한 해(특수해)이다. 그러므로 주어진 방정식의 일반해는

$$x = 3 + 5k, \quad y = 1 + 6k$$

이다. 단, k는 음이 아닌 정수이다. □

연습문제풀이 1.36 방정식 $4x + 7y = -5$를 만족하는 양의 정수해 x, y를 구하여라.

풀이 : 양의 정수 x, y에 대하여 주어진 방정식의 좌변은 양수이고, 우변은 음수이므로, 주어진 방정식의 양의 정수해 x, y는 존재하지 않는다.   □

연습문제풀이 1.37 방정식 $77x + 42y = 35$를 만족하는 정수해 x, y를 구하여라.

풀이 : $\gcd(77, 42) = 7 \mid 35$이므로 해가 무수히 많이 존재한다. $x_0 = -1$, $y_0 = 2$가 $77x + 42y = 7$의 한 해임을 알 수 있다. 그러므로 $x_1 = -5$, $y_1 = 10$는 $77x + 42y = 35$의 한 해이다. 따라서 $77x + 42y = 35$의 일반해는

$$x = -5 + 6k, \quad y = 10 - 11k$$

이다. 단, k는 정수이다.   □

연습문제풀이 1.38 디오판틴 방정식 $x + 2y + 2z = 3$을 풀어라.

풀이 : $w = y + z$로 놓으면 주어진 방정식은 $x + 2w = 3$이 된다. $\gcd(1, 2) = 1 \mid 3$이므로, 이 부정방정식은 무수히 많은 해를 갖는다. $x_0 = 1$, $w_0 = 1$가 한 해(특이해)라고 하자. 그러면 일반해는

$$x = 2k + 1, \quad w = -k + 1$$

이다. 단, $k \in \mathbb{Z}$이다. 이제 $y + z = -k + 1$이다. $y = k$, $z = -2k + 1$라고 하면,

$$x = 2k + 1, \quad y = k, \quad z = -2k + 1$$

이다.   □

연습문제풀이 1.39 디오판틴 방정식 $4x + 2y + 2z = 5$을 풀어라.

풀이 : $w = y + z$로 놓으면 주어진 방정식은 $4x + 2w = 5$이 된다. $\gcd(4, 2) = 2 \nmid 5$이므로, 이 부정방정식은 정수해를 갖지 않는다. □

연습문제풀이 1.40 실수 x에 관한 다음 방정식 $\left[\dfrac{10^n}{x}\right] = 2009$가 정수해를 가질 때, 양의 정수 n의 최솟값을 구하여라. 단 $[x]$는 x를 넘지 않는 최대의 정수이다.

풀이 : $\left[\dfrac{10^n}{x}\right] = 2009$이므로,

$$2009 \leq \frac{10^n}{x} < 2010$$

이다. 즉,

$$\frac{1}{2010} \cdot 10^n < x \leq \frac{1}{2009} \cdot 10^n$$

이다. 따라서

$$(0.000497512 \cdots) \cdot 10^n < x \leq (0.000497760 \cdots) \cdot 10^n$$

이다. 그러므로 위 부등식이 정수해를 가질 때, n의 최솟값은 7이다. □

연습문제풀이 1.41 $2008!$이 5^{500}으로 나누어 떨어짐을 증명하여라.

풀이 : $n = \left[\dfrac{2008}{5}\right] + \left[\dfrac{2008}{25}\right] + \left[\dfrac{2008}{125}\right] + \left[\dfrac{2008}{625}\right] = 500$이다. 따라서 $5^{500} \mid 2008!$이다. □

연습문제풀이 1.42 부등식 $9[x]^2 - 244[x] + 27 < 0$을 풀어라. 단, $[x]$는 x를 넘지 않는 최대의 정수이다.

풀이 :

$$9[x]^2 - 244[x] + 27 < 0 \quad \Longleftrightarrow \quad (9[x] - 1)([x] - 27) < 0$$

이다. 따라서 $\dfrac{1}{9} < [x] < 27$이다. 즉, $1 \leq x < 27$이다. □

연습문제풀이 1.43 실수 x가 $0 < x < 2$일 때, 방정식 $2[x^2] - 3[x] - 3 = 0$을 풀어라. 단, $[x]$는 x를 넘지 않는 최대의 정수이다.

풀이 : $0 < x < 2$이므로 $0 < [x^2] < 4$이다. 따라서 x를 다음과 같은 네 가지 영역으로 나누어 구하자.

 (i) $0 < x < 1$일 때, $[x^2] = 0$, $[x] = 0$이므로 방정식이 성립하지 않는다.

 (ii) $1 \leq x < \sqrt{2}$일 때, $[x^2] = 1$, $[x] = 1$이므로 방정식이 성립하지 않는다.

 (iii) $\sqrt{2} \leq x < \sqrt{3}$일 때, $[x^2] = 2$, $[x] = 1$이므로 방정식이 성립하지 않는다.

 (iv) $\sqrt{3} \leq x < 2$일 때, $[x^2] = 3$, $[x] = 1$이므로 방정식을 만족한다.

따라서 (i)~(iv)로 부터 주어진 방정식의 해는 $\sqrt{3} \leq x < 2$임을 알 수 있다. □

연습문제풀이 1.44 실수 x에 대하여

$$[x] + \left[x + \frac{1}{2}\right] = [2x]$$

가 성립함을 증명하여라.

풀이 : $x = n + \alpha$라고 하자. 단, n은 정수이고, $0 \leq \alpha < 1$이다. 그러면 주어진 식은

$$n + n + \left[\alpha + \frac{1}{2}\right] = 2n + [2\alpha]$$

이다. 다시 정리하면

$$\left[\alpha + \frac{1}{2}\right] = [2\alpha]$$

이다. $0 \leq \alpha < \frac{1}{2}$이면 위 식의 양변은 모두 0이 되어 성립하고, $\frac{1}{2} \leq \alpha < 1$이면 위 식의 양변은 모두 1이 되어 성립한다. 따라서 주어진 식은 실수 x에 대하여 항상 성립한다. □

연습문제풀이 1.45 직선 $y = \dfrac{2}{3}x + \dfrac{1}{4}$과 $x = 15$와 x축으로 이루어진 삼각형에 둘러싸인 격자점(x좌표와 y좌표가 모두 정수인 점)의 개수를 구하여라.

풀이 : 직선 $y = \dfrac{2}{3}x + \dfrac{1}{4}$에서, $x = 0, 1, 2, \cdots, 15$일 때, $y = \dfrac{1}{4}, \dfrac{11}{12}, \dfrac{19}{12}, \cdots, \dfrac{123}{12}$이다. 그러므로 직선 $x = 0, x = 1, \cdots, x = 15$ 위에 있는 양의 정수쌍의 격자점의 개수는 $\left[\dfrac{1}{4}\right], \left[\dfrac{11}{12}\right], \left[\dfrac{19}{12}\right],$ $\cdots, \left[\dfrac{123}{12}\right]$이다. 또한, x축 위에 있는 격자점($y = 0$인 점)의 개수는 모두 16개이다. 따라서 직선 $y = \dfrac{2}{3}x + \dfrac{1}{4}$과 $x = 15$와 x축으로 이루어진 삼각형에 둘러싸인 격자점(x좌표와 y좌표가 모두 정수인 점)의 개수의 개수는

$$\left[\dfrac{1}{4}\right] + \left[\dfrac{11}{12}\right] + \left[\dfrac{19}{12}\right] + \cdots + \left[\dfrac{123}{12}\right] + 16 = 91$$

이다.   □

연습문제풀이 1.46 300명 학생에게 숫자 4와 9가 쓰여지지 않은 번호표를 부여한다. 예를 들어, 첫번째 학생에게 1번, 두번째 학생에게는 2번, 세번째 학생에게는 3번, 네번째 학생에게는 5번, 다섯번째 학생에게는 6번, 여섯번째 학생에게는 7번, 일곱번째 학생에게는 8번, 여덟번째 학생에게는 10번, 아홉번째 학생에게는 11번, 이렇게 번호를 부여한다. 번호에 쓰여진 수가 217번인 학생은 몇번째 학생인가요?

풀이 : 숫자 0, 1, 2, 3, 5, 6, 7, 8을 사용하는 변형된 8진법을 생각하자. 즉, 다음과 같이 생각하자.

8진법	1	2	3	4	5	6	7	10	11	12	13	14	15	16	17	$\cdots$
변형된 8진법	1	2	3	5	6	7	8	10	11	12	13	15	16	17	18	$\cdots$

그러면 변형된 8진법에서 번호가 217번 학생은 8진법에서 216번이므로, 우리가 구하는 답은 $216_{(8)} = 142$이다.   □

제 2 장

합동(Congruence)

제 1 절   합동(Congruence)과 법(Modular)

- 이 절의 주요 내용

- a가 법 n에 대하여 b와 합동 : $a \equiv b \pmod{n}$

- 합동식의 기본성질

정의 2.1 정수 a, b, m에 대하여, $m \mid (a - b)$(즉, 적당한 정수 k에 대하여 $a - b = km$)일 때, a는 법 m에 대하여 b와 합동이다(a is congruent to b mod m)라고 한다. 이 때, 기호로는 $a \equiv b \pmod{m}$라고 쓴다. m을 합동의 법(modular)이라고 한다.

정의 2.2 a와 m이 서로 소일 때, 일차합동식 $ax \equiv 1 \pmod{m}$의 해를 a의 법 m에 대한 잉여역수라고 부른다. 이 잉여역수를 b라 하면, $ab \equiv ba \equiv 1 \pmod{m}$이고, 이러한 b는 법 m에 대하여 유일하다.

보기 2.3 $2007 \equiv 7 \pmod{10}$, $2009 \equiv 0 \pmod{41}$.

정리 2.4 (합동식의 기본성질) 양의 정수 m, n, k와 임의의 정수 a, b, c, d에 대하여 다음이 성립한다.

(1) (반사율) $a \equiv a \pmod{m}$이다.

(2) (대칭률) $a \equiv b \pmod{m}$이면 $b \equiv a \pmod{m}$이다.

(3) (추이률) $a \equiv b \pmod{m}$, $b \equiv c \pmod{m}$이면 $a \equiv c \pmod{m}$이다.

(4) $a \equiv b \pmod{m}$, $c \equiv d \pmod{m}$이면, $a \pm c \equiv b \pm d \pmod{m}$이다.(복부호동순)

(5) $a \equiv b \pmod{m}$, $c \equiv d \pmod{m}$이면, $ac \equiv bd \pmod{m}$이다.

(6) $a \equiv b \pmod{m}$이면, $a^k \equiv b^k \pmod{m}$이다.

(7) $ab \equiv ac \pmod{m}$이고, $d = \gcd(a, m)$이면, $b \equiv c \pmod{\frac{m}{d}}$이다.

(8) $a \equiv b \pmod{m}$이고, n이 m의 약수이면, $a \equiv b \pmod{n}$이다.

(9) $a \equiv b \pmod{m}$이고, $d > 0$이 a, b, m의 공약수이면, $\frac{a}{d} \equiv \frac{b}{d} \pmod{\frac{m}{d}}$이다.

증명 :

(1) $a - a = 0$이고, $m \cdot 0 = 0$이므로 $m \mid 0$이다. 따라서 $a \equiv a \pmod{m}$이다.

(2) $a \equiv b \pmod{m}$이면 $m \mid (a - b)$이다. 또, $m \mid (a - b)$이므로 $m \mid (b - a)$이다. 따라서 $b \equiv a \pmod{m}$이다.

(3) $a \equiv b \pmod{m}$이면 $m \mid (a - b)$이고, $b \equiv c \pmod{m}$이면 $m \mid (b - c)$이다. 그러므로 $m \mid \{(a - b) + (b - c)\}$이다. 즉, $m \mid (a - c)$이다. 따라서 $a \equiv c \pmod{m}$이다.

(4) $a \equiv b \pmod{m}$이면 $m \mid (a-b)$이고, $c \equiv d \pmod{m}$이면 $m \mid (c-d)$이다. 그러므로 $m \mid \{(a-b) \pm (c-d)\}$이다. 즉, $m \mid \{(a \pm c) - (b \pm d)\}$이다. 따라서 $a \pm c \equiv b \pm d \pmod{m}$이다.

(5) $a \equiv b \pmod{m}$이면 $m \mid (a-b)$이고, $c \equiv d \pmod{m}$이면 $m \mid (c-d)$이다. 그러므로 $m \mid \{(a-b)c + (c-d)b\}$이다. 즉, $m \mid (ac - bd)$이다. 따라서 $ac \equiv bd \pmod{m}$이다.

(6) $a \equiv b \pmod{m}$이면 $m \mid (a-b)$이다. 또, $k \geq 2$일 때,

$$a^k - b^k = (a-b)(a^{k-1} + a^{k-2}b + \cdots + ab^{k-2} + b^{k-1})$$

이므로, $m \mid (a^k - b^k)$이다. 따라서 $a^k \equiv b^k \pmod{m}$이다.

(7) $ab \equiv ac \pmod{m}$이면, $m \mid a(b-c)$이다. $d = \gcd(a, m)$이므로, $a = dx_1$, $m = dx_2$를 만족하는 정수 x_1, x_2가 존재한다. 또한, $dx_2 \mid dx_1(b-c)$이다. 또, x_1과 x_2가 서로소이므로 $x_2 \mid (b-c)$이다. 그런데, $x_2 = \dfrac{m}{d}$이므로, $\dfrac{m}{d} \mid (b-c)$이다. 따라서 $b \equiv c \pmod{\dfrac{m}{d}}$이다.

(8) $a \equiv b \pmod{m}$이면 $m \mid (a-b)$이다. 또 $n \mid m$이면, $n \mid (a-b)$이다. 따라서 $a \equiv b \pmod{n}$이다.

(9) $a \equiv b \pmod{m}$이면 $m \mid (a-b)$이다. 또, d가 a, b, m의 공약수이므로 $a = dx_1$, $b = dx_2$, $m = dx_3$를 만족하는 정수 x_1, x_2, x_3가 존재한다. 또한, $dx_3 \mid d(x_1 - x_2)$이다. 그러므로 $x_3 \mid (x_1 - x_2)$이다. 그런데, $x_1 = \dfrac{a}{d}, x_2 = \dfrac{b}{d}, x_3 = \dfrac{m}{d}$이므로, $\dfrac{m}{d} \mid (\dfrac{a}{d} - \dfrac{b}{d})$이다. 따라서 $\dfrac{a}{d} \equiv \dfrac{b}{d} \pmod{\dfrac{m}{d}}$이다. □

예제 2.5 99^{10}을 7로 나눈 나머지를 구하여라.

풀이 : $99 \equiv 1 \pmod 7$이므로, $99^{10} \equiv 1^{10} \equiv 1 \pmod 7$이다. 따라서 99^{10}을 7로 나눈 나머지는 1이다. □

예제 2.6 (KMO, '2013) 양의 정수 k에 대하여

$$a_k = \frac{(2^k)^{30} - 1}{31}$$

이라 하자. $S = a_1 + a_2 + a_3 + \cdots + a_{10}$이라 할 때, S를 31로 나눈 나머지를 구하여라.

풀이 : 양의 정수 k에 대하여,

$$\frac{(2^k)^{30} - 1}{31} = \frac{(2^5)^{6k} - 1}{2^5 - 1} = (2^5)^{(6k-1)} + (2^5)^{6k-2} + \cdots + 2^5 + 1$$

이다. 그러므로

$$a_k \equiv 6k \pmod{31}$$

이다. 따라서 $S = 6 \times \dfrac{10 \times 11}{2} = 330$이다. 따라서 S를 31로 나눈 나머지는 20이다. □

예제 2.7 서로 다른 소수 p, q, r, s에 대하여 $pq - rs$가 30으로 나누어떨어질 때, $p + q + r + s$의 최솟값을 구하여라.

풀이 : p, q, r, s 중 2, 3, 5가 있으면, $pq - rs$는 30으로 나누어떨어지기 위해서는 두 개씩 존재해야한다. 따라서 p, q, r, s는 7, 11, 13, 17, 19, 23, 29, 31, $\cdots$ 중에 있어야 한다. 이들은 법(modulo) 2에 대하여 모두 1과 합동이고, 법 3에 대하여 모두 1, -1, 1, -1, 1, -1, -1, 1, $\cdots$과 합동이고, 법 5에 대하여 2, 1, 3, 2, 4, 3, 4, 1, $\cdots$과 합동이다. 그러므로 $pq - rs$는 모두 2의 배수임을 알 수 있다. $pq - rs$가 3으로 나누어떨어지기 위한 동치조건은 $pqrs \equiv (pq)^2 \equiv 1 \pmod{3}$이다. 즉, p, q, r, s 중 법 3에 대하여 -1과 합동인 수가 짝수개 존재한다. $pq - rs$가 3으로 나누어떨어지는 합이 가장 작은 경우인 $\{p, q, r, s\} = \{7, 11, 13, 17\}$일 때, $pq - rs$가 5로 나누어떨어지지 않음을 알 수 있다. 그 다음으로 $\{p, q, r, s\} = \{7, 11, 17, 19\}$일 때, $7 \cdot 17 - 11 \cdot 19 \equiv 0 \pmod{5}$이다. 따라서 구하는 $p + q + r + s$의 최솟값은 54이다. □

예제 2.8 p가 소수일 때,

$$(x + y)^p \equiv x^p + y^p \pmod{p}$$

이다.

풀이 : 이항정리에 의하여

$$(x + y)^p = \sum_{i=0}^{p} \binom{p}{i} x^i y^{p-i}$$

이다. 단, $\binom{p}{i} = \dfrac{p!}{i!(p-i)!}$이다. 그런데, $\binom{p}{i} = \dfrac{p!}{i!(p-i)!}$는 $i \neq 0, p$일 때, p로 나누어 떨어진다. 즉, 법 p에 대하여, 오직 x^p와 y^p 항만 남는다. 따라서 $(x+y)^p \equiv x^p + y^p \pmod{p}$이다.

□

제 2 절   일차합동식의 해법

- 이 절의 주요 내용

- 일차합동식 $ax \equiv b \pmod{m}$의 해가 존재할 필요충분조건 : $\gcd(a, m) \mid b$

- 일차합동식의 풀이법 : 디오판틴 방정식, 유클리드 호제법, 잉여역수 이용

정리 2.9 $d = \gcd(a, m)$일 때, 일차합동식 $ax \equiv b \pmod{m}$에 대하여 다음이 성립한다.

(1) $d \nmid b$이면, 일차합동식은 정수해를 갖지 않는다.

(2) $d \mid b$이면, 법 m에 대하여 정확하게 d개의 서로 다른 해를 갖는다.

증명 :

(1) 방정식 $ax + my = b$에서, $\gcd(a, m) = d \mid ax + my = b$이므로 $d \mid b$이다. 그런데, 가정에서 $d \nmid b$에 모순된다. 따라서 주어진 방정식의 해는 존재하지 않는다.

(2) 방정식 $ax + my = b$의 한 해를 x_0, y_0라 하면, 일반해는 임의의 $k \in \mathbb{Z}$에 대하여

$$x_k = x_0 + \frac{mk}{d}, \quad y_k = y_0 - \frac{ak}{d}$$

꼴이다. 이때, x_k가 바로 $ax \equiv b \pmod{m}$를 만족시키는 모든 정수들이다. 임의의 k를 d로 나누면, $k = qd + r \ (0 \le r < d)$꼴이 되므로

$$x_k \equiv x_0 + \frac{m(qd + r)}{d} \equiv x_0 + \frac{mr}{d} \equiv x_r \pmod{m}$$

이다. 그러므로 모든 x_k는 각각 $x_0, x_1, \cdots, x_{d-1}$ 중 하나와 법 m에 대하여 합동이다. 한편, $0 \le i, j \le d-1$, $x_i \equiv x_j \pmod{m}$이면 $\frac{im}{d} \equiv \frac{jm}{d} \pmod{m}$이다. $\gcd\left(\frac{m}{d}, m\right) = \frac{m}{d}$이므로, 정리 2.4(합동식의 기본성질)에 의하여, $i \equiv j \pmod{d}$이다. 따라서 $x_0, x_1, \cdots, x_{d-1}$은 모두 법 m에 대하여 합동이 아니다. $\square$

보기 2.10 일차합동식 $6x \equiv 7 \pmod 8$은 $\gcd(6, 8) = 2 \nmid 7$이므로 해를 갖지 않는다.

예제 2.11 일차합동식 $3x \equiv 7 \pmod 4$를 풀어라.

풀이 :(일차 디오판틴 방정식 이용) $3x \equiv 7 \pmod 4$이므로, 적당한 y에 대하여 $3x + 4y = 7$이다.

$x_0 = 1$, $y_0 = 1$은 한 해(특이해)이다. $\gcd(3, 4) = 1$이므로 일반해는

$$x = 1 + 4t, \quad y = 1 - 3t$$

이다. 우리가 구하는 것은 x와 관련된 것이므로

$$x \equiv 1 \pmod 4$$

이다.   □

풀이2 :(유클리드 호제법 이용) $\gcd(3, 4) = 1$이므로, 3과 4의 일차결합이 1과 같다. 실제로,

$$(-1) \cdot 3 + 1 \cdot 4 = 1$$

이다. 이 사실은 우리에게 $1 \cdot x$를 얻기 위하여 x의 계수를 조작할 수 있음을 암시한다. 즉,

$$
\begin{array}{rll}
 & 4x \equiv 0 & \pmod 4 \\
- & 3x \equiv 7 & \pmod 4 \\
\hline
 & x \equiv 1 & \pmod 4
\end{array}
$$

이다.   □

풀이3 :(잉여역수 이용) 법 4에 대한 곱셈표는 아래와 같다.

×	0	1	2	3
0	0	0	0	0
1	0	1	2	3
2	0	2	0	2
3	0	3	2	1

위 표에서 보듯이 $3 \cdot 3 \equiv 1 \pmod 4$이다. 따라서 3을 주어진 합동식에 곱하면

$$3x \equiv 7 \pmod 4, \quad x \equiv 21 \equiv 1 \pmod 4$$

이다.   □

정리 2.12 정수 a, b, m에 대하여 $d = \gcd(a, b, m)$일 때, 일차합동식 $ax + by = c \pmod m$에 대하여 다음이 성립한다.

(1) $d \nmid c$이면 주어진 일차합동식은 정수해를 갖지 않는다.

(2) $d \mid c$이면 주어진 일차합동식은 법 m에 대하여 정확하게 md개의 서로 다른 해를 갖는다.

예제 2.13 일차합동식 $2x + 6y \equiv 4 \pmod{10}$을 풀어라.

풀이 : $\gcd(2, 6, 10) = 2 \mid 4$이므로, 법 10에 대하여, $2 \cdot 10 = 20$개의 해가 존재한다. 주어진 일차합동식을 디오판틴 방정식으로 변형하자. 즉, 적당한 z에 대하여,

$$2x + 6y + 10z = 4$$

이다. $w = x + 3y$라고 하자. 그러면

$$w + 5z = 2$$

이 되고, 위 부정방정식은 $w_0 = -3$, $z_0 = 1$을 한 해(특이해)로 갖는다. 일반해는

$$w = -3 + 5s, \quad z = 1 - s$$

이다. 이것을 원래 디오판틴 방정식에 대입하면,

$$x + 3y = -3 + 5s$$

이다. $x_0 = 5s$, $y_0 = -1$을 특이해로 갖는다. 일반해는

$$x = 5s + 3t, \quad y = -1 - t$$

이다. $t = 0, 1, \cdots, 9$일 때, 법 10에 대하여 y가 서로 다른 값을 가지게 되고, $s = 0, 1$일 때, 법 10에 대하여 x가 서로 다른 값을 가지게 된다. 따라서 주어진 일차합동식의 일반해는

$$x = 5s + 3t, \quad y = -1 - t$$

이다. 단, $s = 0, 1$, $t = 0, 1, \cdots, 9$이다. $\square$

제 3 절   오일러(Euler)의 ϕ-함수와 오일러의 정리(Euler's Theorem)

- 이 절의 주요 내용

- 오일러의 ϕ-함수

- 오일러의 정리(Euler's Theorem)

정의 2.14 임의의 양의 정수 m에 대하여, m이하의 양의 정수 가운데 m과 서로 소인 양의 정수의 개수를 $\phi(m)$이라 정의하고, 오일러(Euler)의 ϕ-함수라고 한다. 예를 들어, $\phi(12) = 4$ 이다. 오일러의 ϕ-함수의 값을 구하는 일반적인 공식은

$$\phi(m) = m \times \left(1 - \frac{1}{p_1}\right) \times \left(1 - \frac{1}{p_2}\right) \times \cdots \times \left(1 - \frac{1}{p_n}\right)$$

이다. 단, $p_1, p_2, \cdots, p_n$은 m의 소인수이다.

보기 2.15 $\phi(100) = 40$, $\phi(1000) = 400$이다.

정리 2.16 a, b가 서로 소인 정수이고, p가 소수이고, m이 양의 정수일 때, 다음이 성립한다.

(1) $\phi(ab) = \phi(a)\phi(b)$이다.

(2) $\phi(p^m) = p^m - p^{m-1}$이다.

정의 2.17 1보다 큰 자연수 m에 대하여, 집합 $\{a_1, a_2, \cdots, a_m\}$이 임의의 정수 a에 대하여 $a \equiv a_i \pmod{m}$인 a_i가 유일하게 존재할 때, 위 집합을 완전 잉여계라 한다. 이것은 m개의 정수 $a_1, a_2, \cdots, a_m$이 다음 조건을 만족하는 것과 동치이다.

$$i \neq j \text{ 이면, } \quad a_i \not\equiv a_j \pmod{m}$$

이다. 예를 들어, $\{0, 1, \cdots, m-1\}$은 법 m에 대한 완전 잉여계이다.

$\{a_1, a_2, \cdots, a_m\}$을 법 m에 의한 완전 잉여계라고 할 때, 이들 중 m과 서로 소인 원소만 모은 집합 $\{a_1', a_2', \cdots, a_{\phi(m)}'\}$을 법 m에 의한 기약 잉여계라 한다.

보기 2.18 $\{1, 5, 7, 11\}$는 법 12에 대한 기약 잉여계이다. 또 $\{-11, 17, 31, -1\}$도 법 12에 대한 기약 잉여계이다. $\{0, 1, 2, 3, 4, 5, 6, 7, 8, 9, 10, 11\}$은 법 12에 대한 완전 잉여게이다.

도움정리 2.19 양의 정수 n에 대하여, $\phi(n) = k$, $\{a_1, a_2, \cdots, a_k\}$는 법 n에 대한 기약 잉여계라고 하자. 그러면 다음이 성립한다.

(1) 모든 정수 m에 대하여, $\{a_1 + mn, \cdots, a_k + mn\}$은 법 n에 대한 기약 잉여계이다.

(2) 만약 $\gcd(m, n) = 1$이면, $\{ma_1, \cdots ma_k\}$는 법 n에 대한 기약 잉여계이다.

정리 2.20 (오일러의 정리(Euler's Theorem)) n이 양의 정수이고, $\gcd(a, n) = 1$이면, $a^{\phi(n)} \equiv 1 \pmod{n}$이다.

증명 : $\phi(n) = r$, $\{a_1, \cdots, a_r\}$는 법 n에 대한 기약 잉여계라고 하자. a와 n이 서로 소이므로, $\{aa_1, aa_2, \cdots, aa_r\}$도 법 n에 의한 기약잉여계이다. 따라서

$$(aa_1)(aa_2) \cdots (aa_r) \equiv a_1 a_2 \cdots a_r \pmod{n}$$

이다. 즉, $a^r(a_1 a_2 \cdots a_r) \equiv a_1 a_2 \cdots a_r \pmod{n}$이다. $a_1 a_2 \cdots a_r$과 n은 서로 소이므로, $a^r \equiv 1 \pmod{n}$이다.

보기 2.21 $\phi(40) = 16$, $\gcd(9, 40) = 1$이므로, $9^{16} \equiv 1 \pmod{40}$이다.

예제 2.22 33^{100}을 40으로 나눈 나머지를 구하여라.

풀이 : $\phi(40) = 16$, $\gcd(33, 40) = 1$이므로, 오일러의 정리에 의하여 $33^{16} \equiv 1 \pmod{40}$이 성립한다. 따라서

$$33^{100} = 33^{96} \cdot 33^4 = (33^{16})^6 \cdot 1089^2 \equiv 1 \cdot 9^2 \equiv 81 \equiv 1 \pmod{40}$$

이다. 즉, 33^{100}을 40으로 나눈 나머지는 1이다. □

예제 2.23 $n^{1998} - 4$가 17의 배수가 되는 자연수 n의 최솟값을 구하여라.

풀이 : n은 17의 배수가 아니므로 오일러의 정리에 의하여 $n^{16} \equiv 1 \pmod{17}$이다. $1998 \equiv 14 \pmod{16}$에서, $n^{14} \equiv 4 \pmod{17}$인 n을 구하면 된다. $n^{14} \equiv 4 \pmod{17}$에서 $4n^2 \equiv 1 \pmod{17}$이므로, $n^2 \equiv -4 \pmod{17}$이다. 즉, $n^2 \equiv 13 \pmod{17}$이다. 따라서 구하는 최솟값은 $n = 8$이다. □

예제 2.24 2009^{1002}을 100으로 나눈 나머지를 구하여라.

풀이 : 2009와 100이 서로 소이고, $\phi(100) = 40$이므로, 오일러의 정리에 의하여 $2009^{40} \equiv 1 \pmod{100}$이다. 따라서

$$2009^{1002} \equiv (2009^{40})^{25} \cdot 2009^2 \equiv 2009^2 \equiv 9^2 \pmod{100}$$

이다. 즉, 2009^{1002}을 100으로 나눈 나머지는 81이다. □

예제 2.25 합동식 $15x \equiv 7 \pmod{32}$를 풀어라.

풀이 : $\gcd(15, 32) = 1$, $\phi(32) = 16$이므로, 오일러의 정리에 의하여, $15^{16} \equiv 1 \pmod{32}$이다. $15x \equiv 7 \pmod{32}$의 양변에 15^{15}를 곱하면

$$x \equiv 7 \cdot 15^{15} \pmod{32}$$

이다. 또한, $7 \cdot 15^{15} \equiv 9 \pmod{32}$이다. 따라서 $x \equiv 9 \pmod{32}$이다. □

정리 2.26 (제곱수의 잉여계) 정수 n에 대하여, 다음이 성립한다.

(1) $n^2 \equiv 0$ 또는 $1 \pmod 3$.

(2) $n^2 \equiv 0$ 또는 $1 \pmod 4$.

(3) $n^2 \equiv 0$ 또는 $\pm 1 \pmod 5$.

(4) $n^2 \equiv 0$ 또는 1 또는 $4 \pmod 8$.

(5) $n^3 \equiv 0$ 또는 $\pm 1 \pmod 9$.

(6) $n^4 \equiv 0$ 또는 $1 \pmod{16}$.

예제 2.27 (KMO, '2003) a와 b는 모두 1이상 100이하의 정수이다. 이 때, 두 수의 합 $a + b$를 3으로 나누면 나머지가 2이고, 두 수의 곱 ab를 3으로 나누면 나머지가 1인 정수의 순서쌍 (a, b)는 모두 몇 개인가?

풀이 : 주어진 조건을 만족하는 a, b는 모두 3으로 나누었을 때 나머지가 1인 수이다.그러므로 1이상 100이하의 수 중 3으로 나누었을 때 나머지가 1인 수의 개수는 34개다. 따라서 이를 만족하는 순서쌍 (a, b)의 개수는 $34^2 = 1156$이다. □

예제 2.28 (KMO, '2005) 다음 중, 정수 x, y, z에 대하여 $x^2 + y^2 + 5z^2$꼴로 쓸 수 없는 정수는?

(1) 2003   (2) 2004   (3) 2005   (4) 2020   (5) 2046

풀이 : x^2, y^2을 8로 나눈 나머지는 0, 1, 4 중 하나이며, $5z^2$을 8로 나눈 나머지는 0, 4, 5 중 하나이다. 그러므로 $x^2 + y^2 + 5z^2$을 8로 나눈 나머지는 0, 1, 2, 4, 5, 6, 7 중 하나이다. 2003 은 8로 나누었을 때, 나머지가 3이므로 $x^2 + y^2 + 5z^2$의 꼴로 나타낼 수 없는 수이다. 답은 (1) 번이다.   □

예제 2.29 (KMO, '2003) 양의 정수 m, n에 대하여 $m^2 + 2n^2$을 8로 나누었을 때 나타날 수 있는 나머지의 값이 될 수 없는 것은?

(1) 2   (2) 3   (3) 4   (4) 5   (5) 6

풀이 : m^2을 8로 나눈 나머지는 0, 1 그리고 4 중 하나이다. 또한 $2n^2$을 8로 나눈 나머지는 0, 2 뿐이다. 그러므로 $m^2 + 2n^2$을 8로 나누었을 때 나타날 수 있는 나머지는 0, 1, 2, 3, 4, 6 이다. 답은 (4)번이다.   □

정리 2.30 N과 n을 모두 양의 정수라고 하자. N의 일의 자리의 숫자를 P라 하자. 그러면 N^n과 P^n의 일의 자리의 숫자는 서로 같다. N^n의 일의 자리의 숫자를 $u(N^n)$으로 표시하자. 그러면 다음이 성립한다.

(1) $u(N^n) = u(P^n)$이다.

(2) $u(N^{4k+m}) = u(N^m)$, $u(N^{4k}) = u(N^4)$이다. 단, k는 양의 정수이고, $m = 1, 2, 3$이다.

(3) $u(a + b) = u(u(a) + u(b))$, $u(ab) = u(u(a) \cdot u(b))$이다. 단, a, b는 양의 정수이다.

예제 2.31 $3^{2007} \times 7^{2008} \times 13^{2009}$의 일의 자리의 숫자를 구하여라.

풀이 :

$$
\begin{aligned}
u(3^{2007} \times 7^{2008} \times 13^{2009}) &= u(u(3^{2007}) \cdot u(7^{2008}) \cdot u(13^{2009})) \\
&= u(u(3^{4 \cdot 501 + 3}) \cdot u(7^{4 \cdot 502}) \cdot u(13^{4 \cdot 502 + 1})) \\
&= u(u(3^3) \cdot u(7^4) \cdot u(13^1)) \\
&= u(7 \cdot 1 \cdot 13) \\
&= 1
\end{aligned}
$$

이다. 따라서 $3^{2007} \times 7^{2008} \times 13^{2009}$의 일의 자리의 숫자는 1이다. □

예제 2.32 (KMO, '2011) 2^{10}보다 작은 양의 정수 n 중 $n^{32} - 1$이 2^{10}의 배수가 되게 하는 것의 개수를 구하여라.

풀이 : $n^{32} - 1$을 인수분해하면,

$$
n^{32} - 1 = (n - 1)(n + 1)(n^2 + 1)(n^4 + 1)(n^8 + 1)(n^{16} + 1)
$$

이다. $n^{32} - 1$은 짝수이므로, n은 홀수이다. n이 홀수일 때,

$$
n^{16} + 1 \equiv 2 \quad (\text{mod } 4), n^8 + 1 \equiv 2 \quad (\text{mod } 4), n^4 + 1 \equiv 2 \quad (\text{mod } 4), n^2 + 1 \equiv 2 \quad (\text{mod } 4)
$$

이다. 그러므로

$$
2^6 \mid (n + 1)(n - 1)
$$

이어야 한다. $n = 2k + 1$(단, k는 양의 정수)라고 하면,

$$
(n + 1)(n - 1) = 4k(k + 1)
$$

이다. 그러므로 $2^4 \mid k(k + 1)$이어야 한다. 그런데, k와 $k + 1$은 서로 소이므로, $2^4 \mid k$ 또는 $2^4 \mid (k + 1)$이다. 그러므로 $k = 16m$ 또는 $16m - 1$이다. 단, m은 정수이다. 즉, $n = 32m + 1$ 또는 $n = 32m - 1$이다. 이 두 경우를 살펴보자.

(i) $n = 32m + 1$인 경우, $m = 0, 1, \cdots, 31$까지 모두 32개이다.

(ii) $n = 32m - 1$인 경우, $m = 1, 2, \cdots, 32$까지 모두 32개이다.

따라서 2^{10}보다 작은 n의 개수는 64개이다. $\square$

1000으로 나눈 나머지를 구할 때, 이용하면 편리한 도움정리를 하나 소개한다.

도움정리 2.33 다음이 성립한다.

(1) 일의 자리 수가 5가 아닌 홀수인 양의 정수 n에 대하여,

$$n^{100} \equiv 1 \quad (\text{mod } 1000)$$

이다.

(2) 일의 자리 수가 5인 홀수인 양의 정수 n에 대하여,

$$n^{100} \equiv 625 \quad (\text{mod } 1000)$$

이다.

풀이 : $n = 10k + r$(단, $r = 1, 3, 5, 7, 9$)이라 하자. 그러면 이항정리와 합동식으로부터

$$n^{100} = (10k + r)^{100} \equiv r^{100} \quad (\text{mod } 1000)$$

이다. 이제 $r = 1, 3, 5, 7, 9$에 대하여 확인해보자.

(i) $r = 1$일 경우는 $1^{100} \equiv 1 \ (\text{mod } 1000)$이다.

(ii) $r = 3$인 경우는

$$3^{100} = 9^{50} = (10 - 1)^{50} \equiv \binom{50}{2}10^2 - \binom{50}{1}10 + 1 \equiv 1 \quad (\text{mod } 1000)$$

이다.

(iii) $r = 5$인 경우는 $5^{100} \equiv 625 \pmod{1000}$이다.

(iv) $r = 7$인 경우는

$$7^{100} = (10 - 3)^{100} \equiv 3^{100} \equiv 1 \pmod{1000}$$

이다.

(v) $r = 9$인 경우는

$$9^{100} = (10 - 1)^{100} \equiv 1^{100} \equiv 1 \pmod{1000}$$

이다.

따라서 (i)~(v)로부터 도움정리가 성립한다. □

제 4 절   윌슨의 정리(Wilson's Theorem)과 페르마의 작은 정리(Fermat's Little Theorem)

- 이 절의 주요 내용

- 윌슨의 정리(Wilson's Theorem)

- 페르마의 작은 정리(Fermat's Little Theorem)

도움정리 2.34 p가 소수이고, k는 $0 < k < p$인 정수라고 할 때, $k^2 \equiv 1 \pmod{p}$이면 $k = 1$ 또는 $k = p - 1$이다. 그 역도 성립한다.

증명 : $k = 1$이면 $k^2 \equiv 1 \pmod{p}$이다. 또한, $k = p - 1$이면,

$$k^2 = p^2 - 2p + 1 \equiv 1 \pmod{p}$$

이다. 역으로, $k^2 \equiv 1 \pmod{p}$라고 가정하자. 그러면

$$p \mid (k^2 - 1) = (k - 1)(k + 1)$$

이다. p가 소수이므로, $p \mid (k - 1)$ 또는 $p \mid (k + 1)$이다.

$p \mid (k - 1)$를 만족하는 p이하의 양의 정수 k는 오직 1 뿐이다. 또한, $p \mid (k + 1)$을 만족하는 p 이하의 양의 정수 k는 오직 $p - 1$ 뿐이다.   □

정리 2.35 (윌슨의 정리(Wilson's Theorem)) p가 소수일 때,

$$(p - 1)! \equiv -1 \pmod{p}$$

가 성립한다. 또, 그 역도 성립한다.

증명 : p가 소수라고 가정하자. $k \in \{1, 2, \cdots, p-1\}$이면, k는 p와 서로 소이다. 그러므로 정수 a, b가 존재하여

$$ak + bp = 1, \quad \text{또는} \quad ak \equiv 1 \pmod{p}$$

를 만족한다. 법 p에 대하여, $a \in \{1, 2, \cdots, p-1\}$라고 가정할 수 있다. 따라서 $\{1, 2, \cdots, p-1\}$의 모든 원소의 법 p에 대한 잉여역수는 $\{1, 2, \cdots, p-1\}$의 원소이다. 위의 도움정리로 부터 1과 $p-1$는 자기 자신이 잉여역수가 된다. 따라서 $2, 3, \cdots, p-2$는 곱이 법 p로 1과 합동인 두 원소씩 쌍으로 분할할 수 있다. 그러므로

$$(p-1)! = 1 \cdot 2 \cdots (p-2) \cdot (p-1) \equiv 1 \cdot 1 \cdot (p-1) \equiv p-1 \equiv -1 \pmod{p}$$

이다.

역으로, $(p-1)! \equiv -1 \pmod{p}$라고 가정하자. 그러면 $(p-1)! + 1 = kp$를 만족하는 정수 k가 존재한다. 이제 $p = ab$라고 하자. 단, $1 \le a, b \le p$이다. 즉, p가 a, b 두 소인수를 갖는다고 하자. 만약 $a = p$이면 $b = 1$이 되어, p는 소수이다. 그래서, $a < p$라고 하자. $a \in \{1, 2, \cdots, p-1\}$이므로, $a \mid (p-1)!$이다. 또, $a \mid p$이다. 따라서 $(p-1)! + 1 = kp$이어야 하므로 $a \mid 1$이다. 즉, $a = 1$이다. 이것은 p가 오직 하나의 소인수를 갖는다는 의미이므로, p는 소수이다. $\square$

예제 2.36 17!을 19로 나눈 나머지를 구하여라.

풀이 : 윌슨의 정리에 의하여, $18! \equiv -1 \pmod{19}$, $18 \equiv -1 \pmod{19}$이므로,

$$-1 \equiv 18! \equiv 18 \times 17! \equiv (-1) \times 17! \pmod{19}$$

이다. 따라서 $17! \equiv 1 \pmod{19}$이다. 즉, 17!를 19로 나눈 나머지는 1이다. $\square$

예제 2.37 $m \neq 4$인 합성수에 대하여 $m \mid (m-1)!$임을 증명하여라.

풀이 : m이 합성수이므로 $m = ab$, $2 \le a, b \le m-1$을 만족시키는 양의 정수 a, b가 존재한다. $a \neq b$이면, $m = ab \mid (m-1)!$임은 분명하다. 또, $a = b$이면 $a^2 = m$이고, $m \ge 9$이므로 $2a = 2\sqrt{m}$, 즉, $2a \le m-1$이다. 따라서 $m = a^2 \mid (m-1)!$이다. $\square$

정리 2.38 (페르마의 작은 정리(Fermat's Little Theorem))

p가 소수이고, $p \nmid a$(즉, $\gcd(p,a) = 1$)이면 $a^{p-1} \equiv 1 \pmod{p}$이다.

증명 : $\phi(p) = p - 1$이고, $\gcd(p,a) = 1$이므로 오일러의 정리에 의하여, $a^{p-1} \equiv 1 \pmod{p}$이다. $\square$

따름정리 2.39 p가 소수이면, $a^p \equiv a \pmod{p}$가 성립한다.

증명 : $p \mid a$이면, $a^p \equiv 0 \pmod{p}$이고, $a \equiv 0 \pmod{p}$이다. 따라서 $a^p \equiv a \pmod{p}$이다. $p \nmid a$이면, $a^{p-1} \equiv 1 \pmod{p}$이다. 양변에 a를 곱하면, $a^p \equiv a \pmod{p}$이다. $\square$

예제 2.40 50^{250}을 83으로 나눈 나머지를 구하여라.

풀이 : 83은 소수이고, $83 \nmid 50$이므로, 페르마의 작은 정리에 의하여, $50^{82} \equiv 1 \pmod{83}$이다. 또, $3 \cdot 82 = 246$이므로,

$$50^{250} \equiv 50^{246} \cdot 50^4 \equiv (50^{82})^3 \cdot 2500^2 \equiv 1^3 \cdot 10^2 \equiv 100 \equiv 17 \pmod{83}$$

이다. 따라서 50^{250}을 83으로 나눈 나머지는 17이다. $\square$

예제 2.41 (KMO, '2010) 양의 정수 n에 대하여 홀수인 소수 p에 대하여 $n^2 - n$이 p의 배수가 아니다. $a_1 = p \times n + 1$, $a_{k+1} = n \times a_k + 1 (k \geq 1)$일 때, a_{p-1}이 소수가 아님을 보여라.

풀이 : p는 3이상의 소수이고, $p \nmid n(n - 1)$이다. 또,

$$a_1 = pn + 1, \quad a_2 = pn^2 + n + 1, \quad \cdots, \quad a_{p-1} = pn^{p-1} + n^{p-2} + \cdots + n + 1$$

이다. 그러므로 수열의 각 항은 p보다 큰 자연수이다. 또한,

$$n^{p-1} - 1 = (n - 1)(n^{p-2} + n^{p-3} + \cdots + n + 1)$$

에서 n, $n-1$은 모두 p의 배수가 아니고, 또, 페르마의 작은 정리로부터 $n^{p-1} \equiv 1 \pmod{p}$ 이므로, $n^{p-2} + n^{p-3} + \cdots + n + 1$은 p의 배수이다. 따라서 a_{p-1}은 p의 배수이다. 또한, $k \geq 1$ 에 대하여 $a_k > p$이므로, $p < a_{p-1}$이다. 그러므로 a_{p-1}은 1과 자신을 제외한 a_{p-1}보다 작은 소수 p를 약수로 가지므로 약수가 3개 이상이므로 합성수이다.   □

예제 2.42 (KMO, '2013) $n = 3 \times 7^7$일 때, $7^n - 1$과 $7^n + 4949$의 최대공약수를 구하여라.

풀이 : 유클리드 호제법에 의하여 $\gcd(7^n - 1, 7^n + 4949) = \gcd(7^n - 1, 4950)$이다. 4950을 소인수분해하면, $4950 = 2 \cdot 3^2 \cdot 5^2 \cdot 11$이다. 이제 오일러의 정리 또는 페르마의 작은 정리를 이용하여 $7^n - 1$이 2, 5, 9, 11의 배수인지를 확인하자.

(i) $7^n - 1$는 2의 배수이다.

(ii) 페르마의 작은 정리에 의하여 $7^4 \equiv 1 \pmod{5}$이다. 또, $7^{4k+1} \equiv 7 \pmod{100}$, $7^{4k+2} \equiv 49 \pmod{100}$, $7^{4k+3} \equiv 43 \pmod{100}$, $7^{4k} \equiv 1 \pmod{100}$임을 이용하면, $n = 3 \times 7^7 \equiv 3 \times 43 \equiv 29 \pmod{100}$이다. 즉, $n \equiv 1 \pmod{4}$이다. 따라서 $7^n - 1 \equiv 7^1 - 1 \equiv 1 \pmod{5}$이다. 즉, $7^n - 1$은 5의 배수가 아니다.

(iii) $\phi(9) = 6$이므로, 오일러의 정리에 의하여 $7^6 \equiv 1 \pmod{9}$이다. 또, $n = 3 \times 7^7 \equiv 3 \pmod{6}$이므로, $7^n - 1 \equiv 7^3 - 1 \equiv 342 \equiv 0 \pmod{9}$이다. 즉, $7^n - 1$은 9의 배수이다.

(iv) 페르마의 작은 정리에 의하여 $7^{10} \equiv 1 \pmod{11}$이다. 또, (ii)에서의 $7^7 \equiv 43 \pmod{100}$임을 이용하면, $n = 3 \times 7^7 \equiv 9 \pmod{10}$이다. 따라서 $7^n - 1 \equiv 7^9 - 1 \equiv 7 \pmod{11}$이다. 즉, $7^n - 1$은 11의 배수가 아니다.

따라서 $7^n - 1$은 18의 배수이다. 그러므로 $\gcd(7^n - 1, 4950) = 18$이다. 즉, 구하는 답은 18 이다.   □

제 5 절   중국인의 나머지 정리

- 이 절의 주요 내용

- 중국인의 나머지 정리

도움정리 2.43 양의 정수 m과 a_1, a_2, $\cdots$, a_n에 대하여, m이 a_1, a_2, $\cdots$, a_n과 각각 서로 소이면 m은 $a_1 a_2 \cdots a_n$과 서로 소이다.

증명 : $\gcd(m, a_1 \cdots a_n) \neq 1$라고 가정하자. 그러면 m과 $a_1 \cdots a_n$의 공약수인 소수 p가 존재한다. $p \mid a_1 \cdots a_n$이므로, $p \mid a_i$를 만족하는 적당한 i가 존재한다. 그러면 p는 m과 a_i를 모두 나눈다. 즉, $\gcd(m, a_i) \neq 1$이다. 이것은 주어진 가정에 모순된다. 따라서 $\gcd(m, a_1 \cdots a_n) = 1$이다.   □

보기 2.44 6은 25, 7, 11과 각각 서로 소이다.
따라서 $25 \cdot 7 \cdot 11 = 1925$이고, $\gcd(6, 1925) = 1$이다.

도움정리 2.45 양의 정수 m과 a_1, a_2, $\cdots$, a_n에 대하여, m이 a_1, a_2, $\cdots$, a_n의 각각의 배수이면 m은 $\mathrm{lcm}(a_1, a_2, \cdots, a_n)$의 배수이다.

증명 : 나눗셈 정리에 의하여,

$$m = q \cdot \mathrm{lcm}(a_1, a_2, \cdots, a_n) + r$$

을 만족하는 정수 q, r이 유일하게 존재한다. 단, $0 \leq r < \mathrm{lcm}(a_1, a_2, \cdots, a_n)$이다. a_i가 m과 $\mathrm{lcm}(a_1, a_2, \cdots, a_n)$을 모두 나누므로, a_i는 r을 나눈다. 이것은 모든 i에 대하여 참이므로, r은 $\mathrm{lcm}(a_1, a_2, \cdots, a_n)$보다 작은 a_i들의 공배수이다. 이것은 오직 $r = 0$일때만 성립한다. 따라서 $m = q \cdot \mathrm{lcm}(a_1, a_2, \cdots, a_n)$이다. 즉, m은 $\mathrm{lcm}(a_1, a_2, \cdots, a_n)$의 배수이다. □

보기 2.46 2009는 7과 41의 배수이다. 7과 41의 최소공배수는 287이고, 2009는 287의 배수이다.

도움정리 2.47 양의 정수 $a_1, a_2, \cdots, a_n$에 대하여, $a_1, a_2, \cdots, a_n$이 $\gcd(a_i, a_j) = 1, i \neq j$(즉, 쌍마다 서로 소(pairwise relatively prime))이면,

$$\operatorname{lcm}(a_1, a_2, \cdots, a_n) = a_1 a_2 \cdots a_n$$

이 성립한다.

보기 2.48 $2, 3, 5, 67$은 쌍마다 서로 소이다. $\operatorname{lcm}(2, 3, 5, 67) = 2010$이다.

정리 2.49 (중국인의 나머지 정리(The Chinese Remainder Theorem)) $m_1, m_2, \cdots, m_n$이 쌍마다 서로 소(즉, $\gcd(m_i, m_j) = 1, i \neq j$)이면, 다음 연립 합동식

$$x \equiv a_1 \pmod{m_1}$$
$$x \equiv a_2 \pmod{m_2}$$
$$\vdots$$
$$x \equiv a_n \pmod{m_n}$$

은 법 $m_1 m_2 \cdots m_n$에 대하여 유일한 해를 갖는다.

증명 : (존재성) $m = m_1 m_2 \cdots m_n$라고 하자. 또, $n_k = \dfrac{m}{m_k}$라고 놓자. 즉, n_k는 m_k를 제외한 나머지 $m_i(i = 1, \cdots, n)$들의 곱을 의미한다.

도움정리 2.47로 부터 $\gcd(n_k, m_k) = 1$이다. 그러므로

$$s_k n_k + t_k m_k = 1$$

을 만족하는 정수 s_k, t_k가 존재한다. 합동식 형태로 고치면,

$$s_k n_k \equiv 1 \pmod{m_k}$$

이다. 이제

$$x \equiv a_1 n_1 s_1 + a_2 n_2 s_2 + \cdots + a_n n_n s_n \pmod{m}$$

라고 놓자. $j \neq k$이면 $m_k \mid n_j$이고, 따라서

$$x \equiv a_k n_k s_k \equiv a_k \cdot 1 = a_k \pmod{m_k}$$

이다. 즉, x는 주어진 연립 합동식의 한 해이다.

(유일성) x, y가 주어진 연립 합동식의 해라고 하자. 그러면

$$x \equiv a_1 \pmod{m_1} \quad \text{이고,} \quad y \equiv a_1 \pmod{m_1}$$
$$x \equiv a_2 \pmod{m_2} \quad \text{이고,} \quad y \equiv a_2 \pmod{m_2}$$
$$\vdots$$
$$x \equiv a_n \pmod{m_n} \quad \text{이고,} \quad y \equiv a_n \pmod{m_n}$$

이다. 그러므로 임의의 $k(1 \leq k \leq n)$에 대하여, $x \equiv a_k \equiv y \pmod{m_k}$ 이고, 그래서 $x - y \equiv 0$ $\pmod{m_k}$이다. 즉, $x - y$는 모든 m_k들의 배수이다. 따라서

$$\mathrm{lcm}(m_1, m_2, \cdots, m_n) \mid (x - y)$$

이다. 그런데, m_1, m_2, $\cdots$, m_n들이 쌍마다 서로 소이므로, 도움정리 2.47로 부터

$$m_1 m_2 \cdots m_n \mid (x - y)$$

이다. 즉,

$$x \equiv y \pmod{m_1 m_2 \cdots m_n}$$

이다. 다시 말해서, 주어진 연립 합동식의 해는 유일하다.   □

예제 2.50 연립 합동식

$$x \equiv 2 \pmod 4, \quad x \equiv 7 \pmod 9$$

을 풀어라.

풀이 : $\gcd(4,9) = 1$이므로, 법 36에 대하여 해가 유일하게 존재한다. 중국인의 나머지 정리의 증명처럼 해를 구해보자. 먼저, $a_1 = 2$, $a_2 = 7$이고, $n_1 = 9$, $n_2 = 4$이다. 이제 s_1, s_2를 구하는 식을 세우면

$$9 \cdot s_1 \equiv 1 \pmod 4, \quad 4 \cdot s_2 \equiv 1 \pmod 9$$

이다. 이 식을 만족하는 s_1, s_2를 구하면, $s_1 = 1$, $s_2 = 7$일 때, 합동식이 성립함을 쉽게 알 수 있다. 따라서 주어진 연립 합동식의 해

$$x \equiv a_1 n_1 s_1 + a_2 n_2 s_2 \equiv 18 + 196 \equiv 214 \equiv 34 \pmod{36}$$

이다. □

예제 2.51 (KMO, '2012) 어떤 양의 정수를 2진법으로 표현하면 마지막 세 자리가 011이고, 5진법으로 표현하면 마지막 세 자리가 101이다. 이 수를 10진법으로 표현할 때, 마지막 세 자리를 구하여라.

풀이 : 구하는 마지막 세 자리를 x라 하자. 그러면 주어진 조건으로부터

$$x \equiv 3 \pmod 8, x \equiv 26 \pmod{125}$$

임을 알 수 있다. 이를 중국인의 나머지 정리 또는 간단한 계산을 하여 풀면

$$x \equiv 651 \pmod{1000}$$

이다. 따라서 구하는 마지막 세 자리는 651이다. □

예제 2.52 연립 합동식

$$x \equiv 1 \pmod 3, \quad x \equiv 2 \pmod 5, \quad x \equiv 3 \pmod 7$$

을 풀어라.

풀이 : 3, 5, 7이 쌍마다 서로 소이므로, 주어진 연립 합동식은 법 105에 대하여 유일한 해를 갖는다. $m = 3 \cdot 5 \cdot 7$이고, $n_1 = 5 \cdot 7 = 35$, $n_2 = 3 \cdot 7 = 21$, $n_3 = 3 \cdot 5 = 15$이다.

$$n_1 s_1 \equiv 35 s_1 \equiv 2 s_1 \equiv 1 \pmod 3$$
$$n_2 s_2 \equiv 21 s_2 \equiv s_2 \equiv 1 \pmod 5$$
$$n_3 s_3 \equiv 15 s_3 \equiv s_3 \equiv 1 \pmod 7$$

을 풀면 $s_1 = 2$, $s_2 = 1$, $s_3 = 1$이 하나의 해가 됨을 알 수 있다. 그러므로

$$x \equiv a_1 n_1 s_1 + a_2 n_2 s_2 + a_3 n_3 s_3 \equiv 1 \cdot 35 \cdot 2 + 2 \cdot 21 \cdot 1 + 3 \cdot 15 \cdot 1 \equiv 157 \equiv 52 \pmod{105}$$

이다. 따라서 주어진 연립 합동식의 해는 $x \equiv 52 \pmod{105}$이다. $\square$

정리 2.53 연립 합동식

$$x \equiv a_1 \pmod{m_1}$$
$$x \equiv a_2 \pmod{m_2}$$

에서 다음이 성립한다.

(1) $\gcd(m_1, m_2) \nmid (a_1 - a_2)$이면, 주어진 연립 합동식의 해가 존재하지 않는다.

(2) $\gcd(m_1, m_2) \mid (a_1 - a_2)$이면, 주어진 연립 합동식은 법 $\mathrm{lcm}(m_1, m_2)$에 대하여 유일한 해를 갖는다.

예제 2.54 연립 합동식

$$x \equiv 5 \pmod{12}, \qquad x \equiv 11 \pmod{18}$$

을 풀어라.

풀이 : $\gcd(12, 18) = 6 \mid (11 - 5)$이므로 주어진 연립 합동식은 법 $\mathrm{lcm}(12, 18) = 36$에 대하여 유일한 해를 갖는다. 이제 그 해를 찾아보자. $x \equiv 5 \pmod{12}$이므로 임의의 정수 s에 대하여, $x = 12s + 5$이다. $x \equiv 11 \pmod{18}$이므로 $x = 12s + 5$를 대입하면

$$12s + 5 \equiv 11 \pmod{18}, \quad 12s \equiv 6 \pmod{18}$$

이다. $\gcd(12, 6, 18) = 6$이므로, 합동의 성질에 의하여

$$2s \equiv 1 \pmod{3}$$

이다. 위 합동식의 양변에 2를 곱하고 정리하면

$$s \equiv 2 \pmod{3}$$

이다. 즉, 임의의 정수 t에 대하여 $s = 2 + 3t$이다. 이 식을 $x = 12s + 5$에 대입하면

$$x = 5 + 12s = 5 + 12(2 + 3t) = 29 + 36t$$

이다. 따라서 $x \equiv 29 \pmod{36}$이다. $\quad \square$

제 6 절   2차 잉여

- 이 절의 주요 내용

- 2차 잉여, 2차 비잉여

- 오일러 판별법, 가우스 판별법, 가우스 상호법칙

정의 2.55 m이 1보다 큰 자연수이고, $\gcd(a, m) = 1$일 때, 합동식 $x^2 \equiv a \pmod{m}$이 해를 가질 때, a를 법 m에 관한 2차 잉여(quadratic residue)라 하고, 이 합동식이 해를 갖지 않을 때, a를 법 m에 관한 2차 비잉여(non-quadratic residue)라 한다. p가 임의의 홀수인 소수이고, $\gcd(a, p) = 1$일 때, a가 법 p에 관한 2차 잉여일 때, $\left(\dfrac{a}{p}\right) = 1$로 표시하고, 그렇지 않을 때 $\left(\dfrac{a}{p}\right) = -1$이라 표시한다. 이 때, $\left(\dfrac{a}{p}\right)$를 르장드르 기호(Legendre symbol)라 한다.

정리 2.56 p가 홀수인 소수이고, a, b가 p와 서로 소일 때, 다음이 성립한다.

(1) $a \equiv b \pmod{p}$이면, $\left(\dfrac{a}{p}\right) = \left(\dfrac{b}{p}\right)$이다.

(2) $\left(\dfrac{ab}{p}\right) = \left(\dfrac{a}{p}\right)\left(\dfrac{b}{p}\right)$이다.

(3) $\left(\dfrac{a^2}{p}\right) = 1$이다.

(4) $\left(\dfrac{a^2 b}{p}\right) = \left(\dfrac{b}{p}\right)$이다.

(5) $\left(\dfrac{1}{p}\right) = 1$이다.

따름정리 2.57 p가 홀수인 소수일 때, 합동식 $x^2 \equiv -1 \pmod{p}$가 해를 가지기 위한 필요충분조건은 $p \equiv 1 \pmod 4$인 것이다.

예제 2.58 소수 p가 적당한 정수 x에 대하여 $x^2 + 1$의 약수가 되도록 하는 100이하의 p를 모두 구하여라.

풀이 : $p = 2$일 때, $x = 1$이면, $2 \mid (x^2 + 1)$이 되어 주어진 조건을 만족한다.

p가 홀수인 소수일 경우는 따름정리 2.57에 의하여 p가 $4k + 1$꼴의 소수만 가능하다. 따라서 주어진 조건을 만족하는 소수 p는

$$2, \ 5, \ 13, \ 17, \ 29, \ 37, \ 41, \ 53, \ 61, \ 73, \ 89, \ 97$$

이다. □

정리 2.59 p가 홀수인 소수일 때, 임의의 완전 잉여계 중에는 $\dfrac{p-1}{2}$개의 2차 잉여와 $\dfrac{p-1}{2}$개의 2차 비잉여가 존재한다.

증명 : 임의의 완전 잉여계 중에서, p와 서로 소이고, 2차 잉여가 되기 위해서는

$$1^2, \ 2^2, \ \cdots, \ (p-1)^2$$

중 어떤 한 원소와 법 p에 의해 같아야 한다. 그런데, $(p - n)^2 \equiv (-n)^2 \equiv n^2 \pmod{p}$이므로 그 원소는 $1^2, 2^2, \cdots, \left(\dfrac{p-1}{2}\right)^2$ 중 한 원소와 법 p에 의해 같아야 한다. 한편, 1^2, 2^2, $\cdots, \left(\dfrac{p-1}{2}\right)^2$은 법 p에 의해 각기 다르므로, 2차 잉여는 $\dfrac{p-1}{2}$개이다. 따라서 2차 비잉여도 $p - 1 - \dfrac{p-1}{2} = \dfrac{p-1}{2}$개이다. □

보기 2.60 $p = 7$일 때, $\{0, 1, 2, \cdots, 6\}$은 법 7에 의한 완전 잉여계이다. $1^2 \equiv 1 \pmod{7}$, $2^2 \equiv 4 \pmod{7}$, $3^2 \equiv 2 \pmod{7}$, $4^2 \equiv 2 \pmod{7}$ $5^2 \equiv 4 \pmod{7}$, $6^2 \equiv 1 \pmod{7}$이다. 따라서 1, 2, 4는 법 7에 대한 2차 잉여이고, 3, 5, 6는 법 7에 대한 2차 비잉여이다.

정리 2.61 (오일러 판정법) p가 홀수인 소수이고, $\gcd(a, p) = 1$일 때,

$$\left(\frac{a}{p}\right) \equiv a^{\frac{p-1}{2}} \pmod{p}$$

이다. 또, a가 법 p에 관한 2차 잉여이면, 이차합동식 $x^2 \equiv a \pmod{p}$는 꼭 두 개의 해 $x \equiv \pm x_0$ $\pmod{p}$를 갖는다.

보기 2.62 오일러 판정법에서 $a = -1$를 대입하면, $\left(\dfrac{-1}{p}\right) = (-1)^{\frac{p-1}{2}}$ 이다.

정리 2.63 (가우스 판정법) p가 홀수인 소수일 때,

$$\left(\frac{2}{p}\right) = (-1)^{\frac{p^2-1}{8}}$$

이다.

정리 2.64 (가우스의 상호법칙) p, q가 서로 다른 홀수인 소수일 때,

$$\left(\frac{p}{q}\right)\left(\frac{q}{p}\right) = (-1)^{\frac{p-1}{2} \cdot \frac{q-1}{2}}$$

이다.

예제 2.65 (KMO, '2003) 홀수인 소수 p에 대하여, a를 다음의 조건을 만족시키는 가장 작은 자연수라 하자.

[조건] $x^2 - a$가 p의 배수가 되는 정수 x가 존재하지 않는다.

이 때, $a < 1 + \sqrt{p}$임을 보여라.

풀이 : 귀류법을 사용하자. 그런데, 소수 p에 대하여 $\sqrt{p}$는 무리수이므로, $1 + \sqrt{p} = a$인 경우는 존재하지 않는다.

$1 + \sqrt{p} < a$라고 가정하자. 그러면 $i = 1, 2, \cdots, a - 1$에 대하여는 합동식 $x^2 \equiv i \pmod{p}$의 해가 존재하고, $i = a$에 대하여는 합동식 $x^2 \equiv a \pmod{p}$의 해가 존재하지 않는다. 따라서 르장드르 기호로 표시하면

$$\left(\frac{a}{p}\right) = -1, \qquad \left(\frac{i}{p}\right) = 1 \quad (i = 1, 2, \cdots, a - 1)$$

이다. 또한 $\sqrt{p} < a - 1$이므로 $p < a(a-1)$이다. 따라서 $ak < p < a(k+1)$를 만족하는 자연수 k가 존재한다. 단, $1 \le k \le a - 2$이다. 그러므로

$$a(k + 1) \equiv j \pmod{p}$$

이다. 단, j는 $1, 2, \cdots, a - 1$ 중 하나이다. 따라서

$$\left(\frac{j}{p}\right) = 1, \qquad \left(\frac{a(k+1)}{p}\right) = \left(\frac{a}{p}\right)\left(\frac{k+1}{p}\right) = -1 \cdot 1 = -1$$

이다. $1 = -1$이 되어 모순된다. 따라서 $a < 1 + \sqrt{p}$이다. □

정의 2.66 1보다 큰 홀수 p에 대하여

$$p = p_1 p_2 \cdots p_m$$

이 성립한다고 하자. 단, $p_1, p_2, \cdots, p_m$는 홀수인 소수이며, 이 중에는 같은 것이 있을 수 있다. 이때, $\gcd(a, p) = 1$인 정수 a에 대하여

$$\left(\frac{a}{p}\right) = \left(\frac{a}{p_1}\right)\left(\frac{a}{p_2}\right)\cdots\left(\frac{a}{p_m}\right)$$

로 정의한다.

보기 2.67

$$\left(\frac{7}{15}\right) = \left(\frac{7}{3}\right)\left(\frac{7}{5}\right) = \left(\frac{1}{3}\right)\left(\frac{2}{5}\right) = \left(\frac{2}{5}\right) = (-1)^{\frac{5^2-1}{8}} = -1$$

이다.

정리 2.68 홀수인 소수 p와 $\gcd(a, p) = 1$인 정수 a에 대하여 a가 법 p에 대한 2차 잉여일 필요충분 조건, 즉 이차 합동식 $x^2 \equiv a \pmod{p}$가 해를 가질 필요충분조건은 $\left(\dfrac{a}{p}\right) = 1$이다.

예제 2.69 $p \equiv 1 \pmod 4$인 소수 p에 대하여, $1 + x^2 = py$를 만족하는 정수쌍 (x, y)가 존재함을 증명하여라 .

풀이 : $\left(\dfrac{-1}{p}\right) = (-1)^{\frac{p-1}{2}} = 1$이므로, $x^2 \equiv -1 \pmod{p}$인 정수 x가 존재한다. 즉, $x^2 + 1 = py$를 만족하는 정수쌍 (x, y)가 존재한다.   □

예제 2.70 다음 방정식이 정수해를 존재하는지 판별하여라.

$$x^2 \equiv 2 \pmod{43}$$

풀이 : 가우스 판정법에 의하여,

$$\left(\frac{2}{43}\right) = (-1)^{\frac{43^2-1}{8}} = (-1)^{231} = -1$$

이다. 따라서 주어진 방정식의 정수해는 존재하지 않는다.   □

제 7 절 연습문제

연습문제 2.1 ★

$2^{15} + 1$이 11의 배수임을 증명하여라.

연습문제 2.2 ★★

n이 짝수인 양의 정수일 때, $20^n + 16^n - 3^n - 1$이 323의 배수임을 증명하여라.

연습문제 2.3 ★——————————————————————————

모든 양의 정수 n에 대하여, $3^{6n} - 2^{6n}$이 35의 배수임을 증명하여라.

연습문제 2.4 ★——————————————————————————

모든 양의 정수 n에 대하여, $2^n \cdot 3^{2n} - 1$이 17의 배수임을 증명하여라.

연습문제 2.5 ★★

모든 양의 정수 n에 대하여, $17^n - 12^n - 24^n + 19^n$이 35의 배수임을 증명하여라.

연습문제 2.6 ★★

$5^{99} + 11^{99} + 17^{99}$이 33의 배수임을 증명하여라.

연습문제 2.7 ★★───

$1! + 2! + 3! + \cdots + 100!$을 12로 나눈 나머지를 구하여라.

연습문제 2.8 ★★───

$7! + 8! + 9! + \cdots + 2008!$을 100으로 나눈 나머지를 구하여라.

연습문제 2.9 ★★————————————————————————

일차합동식 $81x \equiv 45 \pmod{72}$을 풀어라.

연습문제 2.10 ★————————————————————————

일차합동식 $7x \equiv 5 \pmod{10}$을 풀어라.

연습문제 2.11 ★★————————————————————————————

일차합동식 $25x \equiv 10 \pmod{15}$을 풀어라.

연습문제 2.12 ★————————————————————————————————

일차합동식 $5x \equiv 2 \pmod{11}$을 풀어라.

연습문제 2.13 ★★★

일차합동식 $x + y \equiv 3 \pmod 4$를 풀어라.

연습문제 2.14 ★★

11^{49}을 40으로 나눈 나머지를 구하여라.

연습문제 2.15 ★★─────────────────────────────

3^{1234}를 10으로 나눈 나머지를 구하여라.

연습문제 2.16 ★★─────────────────────────────

7^{2041}을 100으로 나눈 나머지를 구하여라.

연습문제 2.17 ★★★——————————————————————————————

2009^{2003}을 1000으로 나눈 나머지를 구하여라.

연습문제 2.18 ★★——————————————————————————————

x가 36와 서로 소이면, $x^{12} \equiv 1 \pmod{36}$임을 증명하여라.

연습문제 2.19 ★★★————————————————————————

2^{341}을 341로 나눈 나머지를 구하여라.

연습문제 2.20 ★★————————————————————————

2^{2008}을 100으로 나눈 나머지를 구하여라.

연습문제 2.21 ★★────────────────────────────────

a_n은 7^n을 100으로 나눈 나머지라고 할 때,

$$a_1 + a_2 + \cdots + a_{2007} + a_{2008}$$

을 구하여라.

연습문제 2.22 ★★────────────────────────────────

5^{48}을 11로 나눈 나머지를 구하여라.

연습문제 2.23 ★_____

10!을 11로 나눈 나머지를 구하여라.

연습문제 2.24 ★★_____

15!을 17로 나눈 나머지를 구하여라.

연습문제 2.25 ★★————————————————————————————

$14!$을 17로 나눈 나머지를 구하여라.

연습문제 2.26 ★★★★★————————————————————————

서로 다른 소수 p, q에 대하여 $p \nmid a$, $q \nmid a$이고, $a^{p-1} \equiv 1 \pmod{q}$, $a^{q-1} \equiv 1 \pmod{p}$이면 $a^{p+q-2} \equiv 1 \pmod{pq}$임을 증명하여라.

연습문제 2.27 ★★★───────────────────────────────

$\gcd(x, 35) = 1$인 모든 양의 정수 x에 대하여, x^{12}을 35로 나눈 나머지가 1임을 증명하여라.

연습문제 2.28 ★★──────────────────────────────

연립 합동식

$$x \equiv 3 \pmod{8}, \quad x \equiv 6 \pmod{14}$$

을 풀어라.

연습문제 2.29 ★★★————————————————————————

다음 연립합동식을 풀어라.

$$x \equiv 5 \pmod{6}, \quad x \equiv 14 \pmod{29}, \quad x \equiv 15 \pmod{31}$$

연습문제 2.30 ★★★————————————————————————

다음 연립합동식을 풀어라.

$$2x \equiv 1 \pmod{5}, \quad 4x \equiv 3 \pmod{7}, \quad 5x \equiv 8 \pmod{11}$$

연습문제 2.31 ★★★─────────────────────────────

다음 연립합동식을 풀어라.

$$x \equiv 1 \pmod 4, \quad x \equiv 3 \pmod 5, \quad x \equiv 2 \pmod 7$$

연습문제 2.32 ★★★★────────────────────────────

다음 연립합동식을 풀어라.

$$2x \equiv 3 \pmod 9, \quad x \equiv 2 \pmod{10}, \quad x \equiv 4 \pmod 7$$

연습문제 2.33 ★★★——————————————————————————————

$77 \mid (36^{36} + 41^{41})$임을 증명하여라.

연습문제 2.34 ★★★——————————————————————————————

7^{9999}을 1000으로 나눈 나머지를 구하여라.

연습문제 2.35 ★★★★────────────────────────────────

13^{398}을 1000으로 나눈 나머지를 구하여라.

연습문제 풀이

연습문제풀이 2.1 $2^{15} + 1$이 11의 배수임을 증명하여라.

풀이 : $2^4 \equiv 5 \pmod{11}$이고, $2^8 \equiv 5^2 \equiv 3 \pmod{11}$이다. 따라서

$$2^{15} \equiv 2^4 \cdot 2^8 \cdot 2^3 \equiv 5 \cdot 3 \cdot 2^3 \equiv -1 \pmod{11}$$

이다. 따라서 $2^{15} + 1 \equiv -1 + 1 \equiv 0 \pmod{11}$이다. □

연습문제풀이 2.2 n이 짝수인 양의 정수일 때, $20^n + 16^n - 3^n - 1$이 323의 배수임을 증명하여라.

풀이 : $323 = 17 \cdot 19$이므로 짝수인 양의 정수 n에 대하여 $20^n + 16^n - 3^n - 1$이 17과 19의 배수임을 증명하면 된다. $n = 2k(k$는 양의 정수)라고 하자. 그러면

$$20^{2k} + 16^{2k} - 3^{2k} - 1 \equiv 3^{2k} + (-1)^{2k} - 3^{2k} - 1 \equiv 0 \pmod{17}$$
$$20^{2k} + 16^{2k} - 3^{2k} - 1 \equiv 1^{2k} + (-3)^{2k} - 3^{2k} - 1 \equiv 0 \pmod{19}$$

이다. 따라서 짝수인 양의 정수 n에 대하여 $20^n + 16^n - 3^n - 1$는 323의 배수이다. □

연습문제풀이 2.3 모든 양의 정수 n에 대하여, $3^{6n} - 2^{6n}$이 35의 배수임을 증명하여라.

풀이 : $\text{lcm}(5, 7) = 35$이므로 35의 배수임을 보이는 것은 5, 7의 배수임을 보이는 것과 같다. 먼저 5의 배수임을 보이자.

$$3^{6n} - 2^{6n} = 9^{3n} - 4^{3n}$$
$$\equiv 4^{3n} - 4^{3n} \pmod{5}$$
$$\equiv 0 \pmod{5}$$

이다. 이제 7의 배수임을 보이자.

$$3^{6n} - 2^{6n} = 27^{2n} - 8^{2n}$$

$$\equiv (-1)^{2n} - 1^{2n} \pmod{7}$$

$$\equiv 1^n - 1^n \pmod{7}$$

$$\equiv 0 \pmod{7}$$

이다. 따라서 $3^{6n} - 2^{6n}$는 35의 배수이다. $\quad\square$

연습문제풀이 2.4 모든 양의 정수 n에 대하여, $2^n \cdot 3^{2n} - 1$이 17의 배수임을 증명하여라.

풀이 :

$$2^n \cdot 3^{2n} - 1 = (2 \cdot 3^2)^n - 1$$

$$= 18^n - 1$$

$$\equiv 1^n - 1 \pmod{17}$$

$$\equiv 0 \pmod{17}$$

이다. $\quad\square$

연습문제풀이 2.5 모든 양의 정수 n에 대하여, $17^n - 12^n - 24^n + 19^n$이 35의 배수임을 증명하여라.

풀이 : $\mathrm{lcm}(5, 7) = 35$이므로 35의 배수임을 보이는 것은 5, 7의 배수임을 보이는 것과 같다. 먼저 5의 배수임을 보이자.

$$17^n - 12^n - 24^n + 19^n \equiv 2^n - 2^n - 4^n + 4^n \equiv 0 \pmod{5}$$

이다. 이제 7의 배수임을 보이자.

$$17^n - 12^n - 24^n + 19^n \equiv 3^n - 5^n - 3^n + 5^n \equiv 0 \pmod{7}$$

이다. 따라서 $17^n - 12^n - 24^n + 19^n$는 35의 배수이다.   □

연습문제풀이 2.6 $5^{99} + 11^{99} + 17^{99}$이 33의 배수임을 증명하여라.

풀이 : $\text{lcm}(3, 11) = 33$이므로 33의 배수임을 보이는 것은 3, 11의 배수임을 보이는 것과 같다. 먼저 3의 배수임을 보이자.

$$5^{99} + 11^{99} + 17^{99} \equiv 2^{99} + 2^{99} + 2^{99} \pmod 3$$
$$\equiv 3 \cdot 2^{99} \pmod 3$$
$$\equiv 0 \pmod 3$$

이다. 이제 11의 배수임을 보이자.

$$5^{99} + 11^{99} + 17^{99} \equiv 5^{99} + 0^{99} + (-5)^{99} \pmod{11}$$
$$\equiv 5^{99} + 0 - 5^{99} \pmod{11}$$
$$\equiv 0 \pmod{11}$$

이다. 따라서 $5^{99} + 11^{99} + 17^{99}$이 33의 배수이다.   □

연습문제풀이 2.7 $1! + 2! + 3! + \cdots + 100!$을 12로 나눈 나머지를 구하여라.

풀이 : $4! = 24 \equiv 0 \pmod{12}$이므로 $n \geq 4$인 모든 정수 n에 대하여 $n! \equiv 0 \pmod{12}$이 성립한다. 따라서

$$1! + 2! + 3! + \cdots + 100! \equiv 9 \pmod{12}$$

이다. 따라서 나머지는 9이다.   □

연습문제풀이 2.8 $7! + 8! + 9! + \cdots + 2008!$을 100으로 나눈 나머지를 구하여라.

풀이 : $10! \equiv 0 \pmod{100}$이므로 $n \geq 10$인 모든 정수 n에 대하여 $n! \equiv 0 \pmod{100}$이 성립한다. 따라서

$$7! + 8! + 9! + \cdots + 2008! \equiv 7! + 8! + 9! \pmod{100}$$
$$\equiv 5040 + 40320 + 362880 \pmod{100}$$
$$\equiv 40 \pmod{100}$$

이다. 따라서 나머지는 40이다. □

연습문제풀이 2.9 일차합동식 $81x \equiv 45 \pmod{72}$을 풀어라.

풀이 : $81x \equiv 45 \pmod{72}$이므로, 적당한 y에 대하여, $81x + 72y = 45$이다. $\gcd(81, 72) = 9 \mid 45$이므로 이 합동식은 9개의 합동식 해를 갖는다. $x_0 = 5, y_0 = -5$은 한 해이다. 또, 일반해는

$$x = 5 + 8k, \quad y = -5 - 9k$$

이다. 우리가 구하는 것은 x와 관련된 것이므로

$$x \equiv 5 \pmod{8}$$

이다. 따라서

$$x \equiv 5, \ 13, \ 21, \ 29, \ 37, \ 45, \ 53, \ 61, \ 69 \pmod{72}$$

이다. □

연습문제풀이 2.10 일차합동식 $7x \equiv 5 \pmod{10}$을 풀어라.

풀이 : 유클리드 호제법에 의하여,

$$1 = 7 \cdot 3 + 10 \cdot (-2), \qquad 5 = 7 \cdot 15 + 10 \cdot (-10)$$

이다. 따라서 구하는 해는 $x \equiv 15 \pmod{10}$이다. 즉 $x \equiv 5 \pmod{10}$이다. □

연습문제풀이 2.11 일차합동식 $25x \equiv 10 \pmod{15}$을 풀어라.

풀이 : $\gcd(25, 15) = 5 \mid 10$이므로, 이 합동식은 5개의 합동식 해를 갖는다. 주어진 일차합동식은

$$5x \equiv 2 \pmod{3}$$

과 동치이다. 그런데 위의 합동식의 해는 $x \equiv 1 \pmod{3}$이므로 주어진 합동식의 해는

$$x \equiv 1, \quad 4, \quad 7, \quad 10, \quad 13 \pmod{15}$$

이다. $\square$

연습문제풀이 2.12 일차합동식 $5x \equiv 2 \pmod{11}$을 풀어라.

풀이 : $\gcd(5, 11) = 1 \mid 2$이므로, 이 합동식은 1개의 합동식 해를 갖는다. 그리고, 그 해는 $x \equiv 7 \pmod{11}$이다. $\square$

연습문제풀이 2.13 일차합동식 $x + y \equiv 3 \pmod{4}$를 풀어라.

풀이 : $\gcd(1, 1, 4) = 1 \mid 3$이므로 법 4에 대하여, $1 \cdot 4$개의 해가 존재한다. 주어진 일차합동식을 디오판틴 방정식으로 변형하자. 즉, 적당한 정수 z에 대하여

$$x + y + 4z = 3$$

이다. $w = x + y$라고 하자. 그러면

$$w + 4z = 3$$

이 되고, 위 부정방정식은 $w_0 = -1$, $z_0 = 1$을 한 해로 갖는다. 일반해는

$$w = -1 + 4s, \quad z = 1 - s$$

이다. 이것을 원래 디오판틴 방정식에 대입하면,

$$x + y = -1 + 4s$$

이다. $x_0 = 4s$, $y_0 = -1$을 한 해로 갖는다. 일반해는

$$x = 4s + t, \quad y = -1 - t$$

이다. $t = 0$, 1, 2, 3일 때, 법 4에 대하여 y가 서로 다른 값을 가지게 되고, s가 어떤 값을 갖더라도 법 4에 대하여 항상 값을 같게 된다. 따라서 주어진 일차합동식의 일반해는

$$x = t, \quad y = -1 - t$$

이다. 단, $t = 0$, 1, 2, 3이다.   □

연습문제풀이 2.14 11^{49}을 40으로 나눈 나머지를 구하여라.

풀이 : $\gcd(11, 40) = 1$이고, $\phi(40) = 40 \times \left(1 - \dfrac{1}{2}\right) \times \left(1 - \dfrac{1}{5}\right) = 16$이다. 그러므로 오일러의 정리에 의하여 $11^{16} \equiv 1 \pmod{40}$이다. 따라서

$$11^{49} \equiv (11^{16})^3 \cdot 11 \equiv 11 \pmod{40}$$

이다. 즉, 11^{49}을 40으로 나눈 나머지는 11이다.   □

연습문제풀이 2.15 3^{1234}를 10으로 나눈 나머지를 구하여라.

풀이 : $\gcd(3, 10) = 1$이고, $\phi(10) = 4$이므로 오일러의 정리에 의하여 $3^4 \equiv 1 \pmod{10}$이다. 따라서

$$3^{1234} \equiv (3^4)^{308} \cdot 3^2 \equiv 3^2 \equiv 9 \pmod{10}$$

이다. 3^{1234}를 10으로 나눈 나머지는 9이다.   □

연습문제풀이 2.16 7^{2041}을 100으로 나눈 나머지를 구하여라.

풀이 : $\gcd(7, 100) = 1$이고, $\phi(100) = 40$이므로 오일러의 정리에 의하여 $7^{40} \equiv 1 \pmod{100}$이다. 따라서

$$7^{2041} \equiv (7^{40})^{51} \cdot 7 \equiv 7 \pmod{100}$$

이다. 따라서 7^{2041}을 100으로 나눈 나머지는 7이다. □

연습문제풀이 2.17 2009^{2003}을 1000으로 나눈 나머지를 구하여라.

풀이 : $\gcd(2009, 1000) = 1$이고, $\phi(1000) = 400$이므로 오일러의 정리에 의하여 $2009^{400} \equiv 1 \pmod{1000}$이다. 따라서

$$2009^{2003} \equiv (2009^{400})^5 \cdot 2009^3 \pmod{1000}$$
$$\equiv 2009^3 \pmod{1000}$$
$$\equiv 9^3 \pmod{1000}$$
$$\equiv 729 \pmod{1000}$$

이다. 즉, 2009^{2003}을 1000으로 나눈 나머지는 729이다. □

연습문제풀이 2.18 x가 36와 서로 소이면, $x^{12} \equiv 1 \pmod{36}$임을 증명하여라.

풀이 : $\phi(36) = 36 \times \left(1 - \dfrac{1}{2}\right) \times \left(1 - \dfrac{1}{3}\right) = 12$이다. 따라서 오일러의 정리에 의하여, $x^{12} \equiv 1 \pmod{36}$이다. □

연습문제풀이 2.19 2^{341}을 341로 나눈 나머지를 구하여라.

풀이 : $341 = 11 \cdot 31$이므로, $\phi(341) = 341 \times \left(1 - \dfrac{1}{11}\right) \times \left(1 - \dfrac{1}{31}\right) = 300$이다. 또한,

$\gcd(2, 341) = 1$이다. 그러므로 오일러의 정리에 의하여, $2^{300} \equiv 1 \pmod{341}$이다. 따라서

$$2^{341} \equiv 2^{300} \cdot 2^{41} \equiv 2^{41} \pmod{341}$$

이다. 그런데, $2^{10} = 1024$, $341 \cdot 3 = 1023$이므로

$$2^{10} \equiv 1 \pmod{341}$$

이다. 따라서

$$2^{41} \equiv (2^{10})^4 \cdot 2 \equiv 2 \pmod{341}$$

이다. 즉, 2^{341}을 341로 나눈 나머지는 2이다.   □

연습문제풀이 2.20 2^{2008}을 100으로 나눈 나머지를 구하여라.

풀이 : $\phi(25) = 20$이므로, 오일러의 정리에 의하여 $2^{20} \equiv 1 \pmod{25}$이다. 즉,

$$2^{2008} \equiv (2^{20})^{100} \cdot 2^8 \equiv 2^8 \equiv 6 \pmod{25}$$

이다. 그러므로 2^{2008}을 100으로 나눈 나머지는 6, 31, 56, 81 중 하나이다. 그런데, 2^{2008}이 4의 배수이므로 나머지는 56만 가능하다. 따라서 2^{2008}을 100으로 나눈 나머지는 56이다.   □

연습문제풀이 2.21 a_n은 7^n을 100으로 나눈 나머지라고 할 때,

$$a_1 + a_2 + \cdots + a_{2007} + a_{2008}$$

을 구하여라.

풀이 : n이 양의 정수일 때, 7^n의 마지막 두 자리에는 07, 49, 43, 01이 순환되어 나타난다. 그리고, $2008 = 4 \cdot 502$이다. 따라서

$$a_1 + a_2 + \cdots + a_{2007} + a_{2008} = 502(7 + 49 + 43 + 1) = 50200$$

이다.   □

연습문제풀이 2.22 5^{48}을 11로 나눈 나머지를 구하여라.

풀이 : 페르마의 작은 정리에 의하여 $5^{10} \equiv 1 \pmod{11}$이다. 따라서

$$5^{48} \equiv (5^{10})^4 \cdot 5^8 \equiv 5^8 \equiv 25^4 \equiv 3^4 \equiv 81 \equiv 4 \pmod{11}$$

이다. 따라서 5^{48}을 11으로 나눈 나머지는 4이다. □

연습문제풀이 2.23 $10!$을 11로 나눈 나머지를 구하여라.

풀이 : 윌슨의 정리에 의하여 $10! \equiv -1 \equiv 10 \pmod{11}$이다. 따라서 $10!$을 11로 나눈 나머지는 10이다. □

연습문제풀이 2.24 $15!$을 17로 나눈 나머지를 구하여라.

풀이 : 윌슨의 정리에 의하여 $16! \equiv -1 \pmod{17}$이고, $16 \equiv -1 \pmod{17}$이다. 따라서

$$16! \equiv 16 \cdot 15! \equiv -1 \cdot 15! \equiv -1 \pmod{17}$$

이다. 즉, $15! \equiv 1 \pmod{17}$이다. $15!$을 17로 나눈 나머지는 1이다. □

연습문제풀이 2.25 $14!$을 17로 나눈 나머지를 구하여라.

풀이 : 윌슨의 정리에 의하여 $16! \equiv -1 \pmod{17}$이다. 그런데, $16 \equiv -1 \pmod{17}$이고, $15 \equiv -2 \pmod{17}$이므로

$$16 \cdot 15 \cdot 14! \equiv (-1) \cdot (-2) \cdot 14! \equiv -1 \pmod{17}$$

이다. 따라서 $2 \cdot 14! \equiv -1 \equiv 16 \pmod{17}$이므로 $14! \equiv 8 \pmod{17}$이다. 즉, $14!$을 17로 나눈 나머지는 8이다. □

연습문제풀이 2.26 서로 다른 소수 p, q에 대하여 $p \nmid a$, $q \nmid a$이고, $a^{p-1} \equiv 1 \pmod{q}$, $a^{q-1} \equiv 1 \pmod{p}$이면 $a^{p+q-2} \equiv 1 \pmod{pq}$임을 증명하여라.

풀이 : 주어진 조건으로 부터 $a^p \equiv a \pmod{q}$, $a^q \equiv a \pmod{p}$이므로, 페르마의 작은 정리에 의하여

$$a^{pq} = (a^p)^q \equiv a^q \equiv a \pmod{q}$$

$$a^{pq} = (a^q)^p \equiv a^p \equiv a \pmod{p}$$

이다. 따라서 $a^{pq} \equiv a \pmod{pq}$이다.

a와 pq는 서로 소이므로 a의 pq에 대한 잉여역수 a^*가 존재한다. 양변에 a^*를 곱하면

$$a^{pq-1} \equiv 1 \pmod{pq} \tag{1}$$

이다. 한편 오일러의 정리에 의하여

$$a^{\phi(pq)} \equiv 1 \pmod{pq} \tag{2}$$

이다. 그런데, $\phi(pq) = (p-1)(q-1) = pq - p - q + 1$이므로 식 (2)의 양변에 a^{p+q-2}를 곱하면

$$a^{\phi(pq)} \cdot a^{p+q-2} \equiv a^{pq-1} \equiv a^{p+q-2} \pmod{pq}$$

이다. 식 (1)로 부터

$$a^{p+q-2} \equiv 1 \pmod{pq}$$

임을 알 수 있다. $\square$

연습문제풀이 2.27 $\gcd(x, 35) = 1$인 모든 양의 정수 x에 대하여, x^{12}을 35로 나눈 나머지가 1임을 증명하여라.

풀이 : x가 35와 서로 소이므로 x는 5, 7과 서로 소이다. 그러므로 페르마의 작은 정리에 의하여,

$$x^4 \equiv 1 \pmod{5}, \quad x^6 \equiv 1 \pmod{7}$$

이다. 그러므로

$$x^{12} \equiv 1 \pmod 5, \quad x^{12} \equiv 1 \pmod 7$$

이다. 따라서

$$x^{12} \equiv 1 \pmod{35}$$

이다. 즉, x^{12}을 35로 나눈 나머지는 1이다. □

연습문제풀이 2.28 연립 합동식

$$x \equiv 3 \pmod 8, \quad x \equiv 6 \pmod{14}$$

을 풀어라.

풀이 : $\gcd(8, 14) = 2 \nmid (6 - 3)$이므로 주어진 연립 합동식은 해를 갖지 않는다.

연습문제풀이 2.29 다음 연립합동식을 풀어라.

$$x \equiv 5 \pmod 6, \quad x \equiv 14 \pmod{29}, \quad x \equiv 15 \pmod{31}$$

풀이 : $6, 29, 31$이 쌍마다 서로 소이므로, 주어진 연립 합동식은 법 5394에 대하여 유일한 해를 갖는다. $m = 6 \cdot 29 \cdot 31 = 5394$이고, $n_1 = 29 \cdot 31 = 899$, $n_2 = 6 \cdot 31 = 186$, $n_3 = 6 \cdot 29 = 174$이다.

$$n_1 s_1 \equiv 899 s_1 \equiv 5 s_1 \equiv 1 \pmod 6,$$

$$n_2 s_2 \equiv 186 s_2 \equiv 12 s_2 \equiv 1 \pmod{29},$$

$$n_3 s_3 \equiv 174 s_3 \equiv 19 s_3 \equiv 1 \pmod{31}$$

을 풀면 $s_1 = 5$, $s_2 = 17$, $s_3 = 18$이 하나의 해가 됨을 알 수 있다. 그러므로

$$x \equiv a_1 n_1 s_1 + a_2 n_2 s_2 + a_3 n_3 s_3 \quad (\text{mod } 5394)$$

$$\equiv 5 \cdot 899 \cdot 5 + 14 \cdot 186 \cdot 17 + 15 \cdot 174 \cdot 18 \quad (\text{mod } 5394)$$

$$\equiv 22475 + 44268 + 46980 \equiv 449 \quad (\text{mod } 5394)$$

이다. 따라서 주어진 연립 합동식의 해는 $x \equiv 449 \ (\text{mod } 5394)$이다. □

연습문제풀이 2.30 다음 연립합동식을 풀어라.

$$2x \equiv 1 \quad (\text{mod } 5), \quad 4x \equiv 3 \quad (\text{mod } 7), \quad 5x \equiv 8 \quad (\text{mod } 11)$$

풀이 : 주어진 합동식을 변형하면,

$$x \equiv 3 \quad (\text{mod } 5), \quad x \equiv 6 \quad (\text{mod } 7), \quad x \equiv 6 \quad (\text{mod } 11)$$

이다. 5, 7, 11이 쌍마다 서로 소이므로, 주어진 연립 합동식은 법 385에 대하여 유일한 해를 갖는다. $m = 5 \cdot 7 \cdot 11 = 385$이고, $n_1 = 7 \cdot 11 = 77$, $n_2 = 5 \cdot 11 = 55$, $n_3 = 5 \cdot 7 = 35$이다.

$$n_1 s_1 \equiv 77 s_1 \equiv 2 s_1 \equiv 1 \quad (\text{mod } 5),$$

$$n_2 s_2 \equiv 55 s_2 \equiv 6 s_2 \equiv 1 \quad (\text{mod } 7),$$

$$n_3 s_3 \equiv 35 s_3 \equiv 2 s_3 \equiv 1 \quad (\text{mod } 11)$$

을 풀면 $s_1 = 3$, $s_2 = 6$, $s_3 = 6$이 하나의 해가 됨을 알 수 있다. 그러므로

$$x \equiv a_1 n_1 s_1 + a_2 n_2 s_2 + a_3 n_3 s_3 \quad (\text{mod } 385)$$

$$\equiv 3 \cdot 77 \cdot 3 + 6 \cdot 55 \cdot 6 + 6 \cdot 35 \cdot 6 \quad (\text{mod } 385)$$

$$\equiv 693 + 1980 + 1260 \equiv 83 \quad (\text{mod } 385)$$

이다. 따라서 주어진 연립 합동식의 해는 $x \equiv 83 \ (\text{mod } 385)$이다. □

연습문제풀이 2.31 다음 연립합동식을 풀어라.

$$x \equiv 1 \quad (\mathrm{mod}\ 4), \quad x \equiv 3 \quad (\mathrm{mod}\ 5), \quad x \equiv 2 \quad (\mathrm{mod}\ 7)$$

풀이 : 중국인의 나머지 정리에 의해 위의 연립합동식을 풀면

$$4 \cdot 5 \cdot 7 = 35 \cdot 4 = 28 \cdot 5 = 20 \cdot 7$$

이고,

$$35 \cdot 3 \equiv 1 \quad (\mathrm{mod}\ 4), \quad 28 \cdot 2 \equiv 1 \quad (\mathrm{mod}\ 5), \quad 20 \cdot 6 \equiv 1 \quad (\mathrm{mod}\ 7)$$

이다. 따라서 이 연립합동식의 해는

$$x \equiv 1 \cdot 35 \cdot 3 + 3 \cdot 28 \cdot 2 + 2 \cdot 20 \cdot 6 \quad (\mathrm{mod}\ 140)$$

이다. 즉, $x \equiv 93\ (\mathrm{mod}\ 140)$이다. $\square$

연습문제풀이 2.32 다음 연립합동식을 풀어라.

$$2x \equiv 3 \quad (\mathrm{mod}\ 9), \quad x \equiv 2 \quad (\mathrm{mod}\ 10), \quad x \equiv 4 \quad (\mathrm{mod}\ 7)$$

풀이 : 주어진 합동식을 변형하면,

$$x \equiv 6 \quad (\mathrm{mod}\ 9), \quad x \equiv 2 \quad (\mathrm{mod}\ 10), \quad x \equiv 4 \quad (\mathrm{mod}\ 7)$$

이다. 9, 10, 7이 쌍마다 서로 소이므로, 주어진 연립 합동식은 법 630에 대하여 유일한 해를 갖는다. $m = 9 \cdot 10 \cdot 7 = 630$이고, $n_1 = 10 \cdot 7 = 70$, $n_2 = 9 \cdot 7 = 63$, $n_3 = 9 \cdot 10 = 90$이다.

$$n_1 s_1 \equiv 70 s_1 \equiv 7 s_1 \equiv 1 \quad (\mathrm{mod}\ 9),$$

$$n_2 s_2 \equiv 63 s_2 \equiv 3 s_2 \equiv 1 \quad (\mathrm{mod}\ 10),$$

$$n_3 s_3 \equiv 90 s_3 \equiv 6 s_3 \equiv 1 \quad (\mathrm{mod}\ 7)$$

을 풀면 $s_1 = 4$, $s_2 = 7$, $s_3 = 6$이 하나의 해가 됨을 알 수 있다. 그러므로

$$x \equiv a_1 n_1 s_1 + a_2 n_2 s_2 + a_3 n_3 s_3 \quad (\text{mod } 630)$$

$$\equiv 6 \cdot 70 \cdot 4 + 2 \cdot 63 \cdot 7 + 4 \cdot 90 \cdot 6 \quad (\text{mod } 630)$$

$$\equiv 1680 + 882 + 2160 \equiv 312 \quad (\text{mod } 630)$$

이다. 따라서 주어진 연립 합동식의 해는 $x \equiv 312 \ (\text{mod } 630)$이다. □

연습문제풀이 2.33 $77 \mid (36^{36} + 41^{41})$임을 증명하여라.

풀이 : $36 \mid 1 \ (\text{mod } 7)$이고, $36^5 \equiv 3^5 \equiv 1 \ (\text{mod } 11)$이므로

$$36^5 \equiv 1 \quad (\text{mod } 77)$$

이다. 또한, $41 \equiv -36 \ (\text{mod } 77)$이므로

$$36^{36} + 41^{41} \equiv 36^{36} + (-36)^{41} \equiv 36^{36}(1 - 36^5) \equiv 0 \quad (\text{mod } 77)$$

이다. □

연습문제풀이 2.34 7^{9999}을 1000으로 나눈 나머지를 구하여라.

풀이 : $\phi(1000) = 400$이므로 오일러의 정리에 의하여

$$7^{10000} \equiv (7^{400})^{25} \equiv 1 \quad (\text{mod } 1000)$$

이다. 또한, $1001 = 7 \cdot 11 \cdot 13 = 7 \cdot 143$이므로 $7 \cdot 143 \equiv 1 \ (\text{mod } 1000)$이다. 따라서

$$7^{9999} \equiv 143 \cdot 7 \cdot 7^{9999} \equiv 143 \cdot 7^{10000} \equiv 143 \quad (\text{mod } 1000)$$

이다. 즉, 7^{9999}를 1000으로 나눈 나머지는 143이다. □

연습문제풀이 2.35 13^{398}을 1000으로 나눈 나머지를 구하여라.

풀이 : $\phi(1000) = 400$이므로 오일러의 정리에 의하여

$$13^{400} \equiv 1 \quad (\text{mod } 1000)$$

이다. 또한, $1001 = 7 \cdot 11 \cdot 13 = 13 \cdot 77$이므로 $13 \cdot 77 \equiv 1 \ (\text{mod } 1000)$이다. 따라서

$$13^{398} \equiv 77^2 \cdot 13^2 \cdot 13^{398} \equiv 77^2 \cdot 13^{400} \equiv 77^2 \equiv 5929 \equiv 929 \quad (\text{mod } 1000)$$

이다. 즉, 13^{398}를 1000으로 나눈 나머지는 929이다. □

제 3 장

부정방정식의 해법

일반적으로 n개의 변수를 갖는 방정식의 해가 유한하게 나타나기 위해서는 대부분의 경우 그 변수들에 대한 n개 이상의 서로 독립인 식이 필요하다. 그리고 식이 n개가 되지 못했을 경우에는 해의 개수는 무수히 많게 되어 '부정'이 된다. 이러한 방정식을 '부정방정식'이라 부른다. 하지만 해의 범위를 정수로 놓고 보았을 때는 그러한 n개의 식이 굳이 필요 없이 해의 범위가 한정되는 경우가 있다.

예를 들어 $x^2 + y^2 = 0$이라는 방정식은 만약 x, y가 실수로 한정된다면 $x = y = 0$ 만을 해로 가진다. 이처럼 미지수의 개수보다 식의 개수가 적으나 변수의 조건등에 의해 해가 유한개로 한정되는 경우 중, 미지수가 정수 혹은 자연수로 제한되어 해결되는 방정식을 고대 그리스의 수학자 디오판틴의 이름을 따서 '디오판틴 방정식(Diophantine equation)'이라 부른다.

제 1 절   인수분해나 식의 변형을 이용하는 형태

인수분해를 이용하는 형태는 가장 간단하게 부정방정식의 해를 찾는 방법이다. 보통 양변에
적절한 상수를 더한 후 한쪽 변을 인수분해하고, 그 상수의 약수를 이용하여 상황별로 해결하
는 경우가 많다. 꼭 인수분해가 아니더라도 적절한 식의 변형을 통해 문제를 해결하는 방법이
있는데, 이 방법은 많은 부정방정식을 푸는데에 기초적인 방법이므로 꼭 기억해 두어야 한다.
예제들을 통해서 상황별로 부정방정식 문제를 해결해 보자.

예제 3.1 $x + y = xy$를 만족하는 정수해의 순서쌍 (x, y)를 모두 구하여라.

풀이 : 주어진 방정식은 $(x - 1)(y - 1) = 1$이므로 $x = y = 2$ 또는 $x = y = 0$이다. 즉,
$(x, y) = (2, 2), (0, 0)$이다. $\square$

예제 3.2 $x^2 + y^2 = x^2 y^2$를 만족하는 정수해의 순서쌍 (x, y)를 모두 구하여라.

풀이 : 주어진 방정식은 $(x^2 - 1)(y^2 - 1) = 1$이므로 $x = y = 0$이다. 즉, $(x, y) = (0, 0)$이다.
$\square$

예제 3.3 $x + y = x^2 - xy + y^2$를 만족하는 정수해의 순서쌍 (x, y)를 모두 구하여라.

풀이 : 양변에 2를 곱한 후 정리하면, $2x^2 - 2xy + 2y^2 - 2x - 2y = 0$이 된다. 이는

$$(x - y)^2 + (x - 1)^2 + (y - 1)^2 = 2$$

이다. 이를 풀면,

$$(x, y) = (0, 0),\ (1, 0),\ (0, 1),\ (1, 2),\ (2, 1),\ (2, 2)$$

이다. $\square$

예제 3.4 $3xy - 4x - y = 0$을 만족하는 정수해의 순서쌍 (x, y)를 모두 구하여라.

풀이 : 양변에 3을 곱한 후 정리하면, $9xy - 12x - 3y = 0$이 된다. 이를 정리하면

$$(3x - 1)(3y - 4) = 4$$

이다. 이를 풀면,

$$(x, y) = (-1, 1), \ (0, 0), \ (1, 2)$$

이다. □

예제 3.5 $n^2 - 2n + 4$가 $n + 3$의 배수가 되는 모든 정수 n을 구하여라.

풀이 : 이 문제는 $\dfrac{n^2 - 2n + 4}{n + 3} = k$를 만족하는 정수 n, k를 구하는 것과 같다.

$$\frac{n^2 - 2n + 4}{n + 3} = n - 5 + \frac{19}{n + 3}$$

이 되고, $\dfrac{19}{n + 3}$이 정수가 되는 n을 구하면 된다. 19가 정수이므로 $n + 3$이 19의 약수여야만 한다. 따라서 $n = 16, -2, -4, -22$이다. □

예제 3.6 완전제곱수인 네 자리의 수 n에 대하여, n의 각 자리에 1씩 더하여 얻은 새로운 네 자리의 수도 역시 완전제곱수일 때, 이를 만족하는 n을 모두 구하여라. 단, n의 각 자리 수는 9가 아니다.

풀이 : $x^2 = n$, $y^2 = n + 1111$라고 하자. 그러면

$$y^2 - x^2 = 1111$$

이다. 이를 정리하면,

$$(y - x)(y + x) = 11 \times 101$$

이다. $y - x < y + x$이므로, $y - x = 1$, $y + x = 1111$ 또는 $y - x = 11$, $y + x = 101$이다. 이를 풀면, n은 네 자리 수이므로, $(x, y) = (45, 56)$이다. 따라서 n은 2025이다. □

예제 3.7 (KMO, '2008) 방정식 $\dfrac{1}{x} + \dfrac{1}{y} = \dfrac{2}{15}$를 만족하는 정수쌍 (x, y)에 대하여 x의 최댓값을 구하여라.

풀이 : 주어진 식의 양변에 $15xy$를 곱하고 정리하면

$$2xy - 15x - 15y = 0$$

이다. 양변 2배를 하고 225를 더한 후, 인수분해 하면

$$(2x - 15)(2y - 15) = 225$$

이다. x의 최댓값이므로 $(2x - 15, 2y - 15) = (225, 1)$일 때이다. 따라서 $2x - 15 = 225$이다. 즉, $x = 120$이다.   □

예제 3.8 방정식 $3xy + y^2 - 6x - 2y - 2 = 0$을 만족하는 정수해의 순서쌍 (x, y)를 모두 구하여라.

풀이1 : 주어진 방정식을 변형하면

$$(3x + y)(y - 2) = 2$$

이다. 따라서

$$\begin{cases} 3x + y = 1 \\ y - 2 = 2 \end{cases}, \quad \begin{cases} 3x + y = 2 \\ y - 2 = 1 \end{cases}, \quad \begin{cases} 3x + y = -1 \\ y - 2 = -2 \end{cases}, \quad \begin{cases} 3x + y = -2 \\ y - 2 = -1 \end{cases}$$

이다. 위의 네 개의 연립방정식을 풀면,

$$(x, y) = (-1, 1), (-1, 4)$$

이다.   □

풀이2 : 주어진 방정식에서 x를 y에 관하여 정리하면,

$$x = -\frac{1}{3}\left(y - \frac{2}{y - 2}\right) \tag{1}$$

이다. x는 정수이므로, $y-2$는 2의 약수이고, $y-\dfrac{2}{y-2}$는 3의 배수이다. 따라서 $y=1$, 4만 가능하다. 이를 식 (1)에 대입하여 x를 구하면, 각각 $x=-1$, $x=-1$이다. 따라서 주어진 방정식의 정수해는 $(x,y)=(-1,1),(-1,4)$이다. $\square$

예제 3.9 (KMO, '2009) 방정식 $x(x+5)=y(y+2)$를 만족하는 양의 정수의 순서쌍 (x,y)의 개수를 구하여라.

풀이 : 주어진 관계식에 4배하면 $4x^2+20x=4y^2+8y$이고, 이를 완전제곱형태로 변형하면

$$(2x+5)^2=(2y+2)^2+21$$

이다. 이를 인수분해하면,

$$(2x+2y+7)(2x-2y+3)=21$$

이다. $2x+2y+7 \geq 11$이므로,

$$2x+2y+7=21, \quad 2x-2y+3=1$$

이다. 이를 풀면 $(x,y)=(3,4)$이다. 따라서 양의 정수의 순서쌍 $(x,y)=(3,4)$이다. $\square$

예제 3.10 (KMO, '2010) 다음 등식을 만족시키는 양의 정수 x, y, z의 순서쌍 (x,y,z)의 개수를 구하여라.

$$50x+51y+52z=2010.$$

풀이 : 주어진 조건을 다시 쓰면,

$$2010=50x+51y+52z=50(x+y+z)+(y+z)+z=50a+b+c$$

이다. 또, x, y, z가 양의 정수이므로, $a>b>c$이다. 그런데, $a \leq 38$이면, $b+c \geq 110$이어야 하는데, 이는 $a>b>c$에 모순된다. 따라서 $a=39$ 또는 40이다.

(i) $a = 39$일 때, $b + c = 60$이다. 이를 풀면 $31 \leq b \leq 38$이다. 이 경우의 수는 모두 8개이다.

(ii) $a = 40$일 때, $b + c = 10$이다. 이를 풀면 $6 \leq b \leq 9$이다. 이 경우의 수는 모두 4개이다.

따라서 (i), (ii)에 의하여 구하는 순서쌍 (x, y, z)의 개수는 12개이다.   □

예제 3.11 (KMO, '2011) 양의 정수 m, n $(m > n)$에 대하여

$$\frac{m^2 - n^2}{2n}$$

이 1000보다 작은 소수가 될 때, $m - n$의 최솟값과 최댓값의 합을 구하여라.

풀이 : $\dfrac{m^2 - n^2}{2n} = p$ (단, p는 소수)라고 하면,

$$n^2 + 2pn - m^2 = 0$$

이다. 이 이차방정식을 근의 공식으로 풀면,

$$n = -p \pm \sqrt{p^2 + m^2}$$

이다. $n > 0$이므로 $n = -p + \sqrt{p^2 + m^2}$이다. n은 양의 정수이므로 적당한 양의 정수 k에 대하여

$$p^2 + m^2 = k^2$$

이다. 즉, $p^2 = (k + m)(k - m)$이다. 그런데, $k + m > k - m$이므로,

$$k + m = p^2, k - m = 1$$

이다. k와 m이 모두 양의 정수이므로, p는 홀수인 소수이다. 여기서 $k = m + 1$을 $n = -p + \sqrt{p^2 + m^2} = -p + k$에 대입하면,

$$m - n = p - 1$$

이다. 따라서 $p = 3$일 때, 최솟값 $m - n = 3 - 1 = 2$을 가지며, $p = 997$일 때, 최댓값 $m - n = 997 - 1 = 996$을 갖는다. 그러므로 구하는 답은 998이다.   □

예제 3.12 정수 a, b, c가 $a^2 + 2bc = 1$, $b^2 + 2ca = 2012$를 만족할 때, $c^2 + 2ab$의 가능한 값을 모두 구하여라.

풀이 : 주어진 두 식을 빼서, 정리하면,

$$(b - a)(b + a - 2c) = 2011$$

이다. 2011이 소수이므로,

$$\begin{cases} b = a \pm 1 \\ 2c = b + a \mp 2011 \end{cases} , \quad \begin{cases} b = a \pm 2011 \\ 2c = b + a \mp 1 \end{cases}$$

이다. 단, 복부호 동순이다. 이 식을 $a^2 + 2bc = 1$에 대입하면, 다음의 네 개의 식이 나온다.

$$3a^2 - 2008a - 2011 = 0 \tag{1}$$

$$3a^2 + 2008a - 2011 = 0 \tag{2}$$

$$3a^2 + 6032a + 2010 \cdot 2011 - 1 = 0 \tag{3}$$

$$3a^2 - 6032a + 2010 \cdot 2011 - 1 = 0 \tag{4}$$

식 (1)을 풀면 $(a + 1)(3a - 2011) = 0$이 되어 $a = -1$, $b = 0$, $c = -1006$이다.

식 (2)를 풀면 $(a - 1)(3a + 2011) = 0$이 되어 $a = 1$, $b = 0$, $c = 1006$이다.

식 (3)과 (4)는 판별식이 음이 되어 실근이 존재하지 않는다.

따라서 $c^2 + 2ab = 1006^2 = 1012036$이다. □

예제 3.13 $62^2 + 122^2 = 18728$임을 이용하여, $x^2 + y^2 = 9364$을 만족하는 양의 정수쌍 (x, y)를 구하여라.

풀이 : $a^2 + b^2 = 2c$일 때,

$$\left(\frac{a + b}{2}\right)^2 + \left(\frac{a - b}{2}\right)^2 = \frac{2a^2 + 2b^2}{4} = \frac{a^2 + b^2}{2} = c$$

이다. 따라서 $x = \frac{62 + 122}{2} = 92$, $y = \frac{122 - 62}{2} = 30$ 또는 $x = \frac{122 - 62}{2}$, $y = \frac{62 + 122}{2} = 92$이다. 즉, $(x, y) = (92, 30), (30, 92)$이다. □

예제 3.14 음이 아닌 정수 a, b, c에 대하여, $2^a 3^b + 9 = c^2$을 만족하는 순서쌍 (a, b, c)를 모두 구하여라.

풀이 : $2^a 3^b + 3^2 = c^2$에서

(1) $b = 0$일 때, $2^a = (c-3)(c+3)$이므로, $x + y = a$, $x < y$인 음이 아닌 정수 x, y에 대하여 $2^x = c - 3$, $2^y = c + 3$이다. 두 식을 변변 빼면, $2^x(2^{y-x} - 1) = 6$이다. 이를 풀면 $x = 1$, $y = 3$이다. 즉, $(a, b, c) = (4, 0, 5)$이다.

(2) $b \geq 1$일 때, 좌변이 3의 배수이므로, $c = 3k$(k는 양의 정수)이다. 그런데, 우변이 9의 배수가 되므로, $b \geq 2$이다. 그러므로 $2^a 3^{b-2} = (k-1)(k+1)$이다.

    (i) $a = 0$일 때, $x + y = b - 2$, $x < y$인 음이 아닌 정수 x, y에 대하여 $k - 1 = 3^x$, $k + 1 = 3^y$이다. 두 식을 변변 빼면 $3^x(3^{y-x} - 1) = 2$이다. 이를 풀면, $x = 0$, $y = 1$이다. 즉, $(a, b, c) = (0, 3, 6)$이다.

    (ii) $a \geq 1$일 때, $k = 2p + 1$(p는 자연수)라 두면, $2^{a-2}3^{b-2} = p(p+1)$, $\gcd(p, p+1) = 1$이다. 그러므로 $p = 2^{a-2}$, $p + 1 = 3^{b-2}$ 또는 $p + 1 = 2^{a-2}$, $p = 3^{b-2}$이다. 두 식을 변변 빼면, $2^x - 3^y = \pm 1$이다.

        (가) $2^x - 3^y = 1$일 때, $x = 1$, $y = 0$ 또는 $x = 1$, $y = 1$이다. 즉, $(a, b, c) = (3, 2, 9)$, $(4, 3, 21)$이다.

        (나) $2^x - 3^y = -1$일 때, $x = 1$, $y = 1$ 또는 $x = 3$, $y = 2$이다. 즉, $(a, b, c) = (3, 3, 15)$, $(4, 5, 51)$이다.

따라서 구하는 답은 $(4, 0, 5)$, $(0, 3, 6)$, $(3, 2, 9)$, $(4, 3, 21)$, $(3, 3, 15)$, $(4, 5, 51)$이다.   □

예제 3.15 (KMO, '2014) 소수 p와 정수 x, y가 $4xy = p(p+2x+2y)$를 만족할 때, $p^2+x^2+y^2$의 값이 될 수 있는 수 중 가장 큰 것을 구하여라.

풀이 : $4xy = p(p + 2x + 2y)$을 변형하면 $(2x - p)(2y - p) = 2p^2$이다. 만약, p가 홀수인 소수이면, 좌변은 홀수, 우변은 짝수가 되어 모순이다. 따라서 $p = 2$이다. 이제 $x \geq y$라고 가정해도 일반성을 잃지 않으므로, 부정방정식 $(x - 1)(y - 1) = 2$을 풀면,

$$x - 1 = 2, y - 1 = 1 \text{ 또는, } x - 1 = -1, y - 1 = -2$$

이다. 즉, $x = 3$, $y = 2$, 또는 $x = 0$, $y = -1$이다. 따라서 $p^2 + x^2 + y^2$의 최댓값은 17이다.
□

예제 3.16 (KMO, '2016) 다음 식을 만족하는 양의 정수의 순서쌍 (x, y)의 개수를 구하여라.

$$\frac{1}{x} + \frac{1}{y} + \frac{1}{xy} = \frac{1}{2016}$$

풀이 : 양변에 $2016xy$를 곱한 후 정리하면

$$(x - 2016)(y - 2016) = 2016 \times 2017 = 2^5 \times 3^2 \times 7 \times 2017$$

이다. 2017이 소수이고, x, y는 양의 정수이므로 2016×2017의 양의 약수의 개수가 주어진 부정방정식의 해의 개수와 같다. 따라서 2016×2017의 양의 약수의 개수는 $6 \times 3 \times 2 \times 2 = 72$개이다. 즉, 주어진 부정방정식의 양의 정수의 순서쌍 (x, y)의 개수는 72개이다. □

예제 3.17 (KMO, '2015) 소수 p와 양의 정수 m이

$$157p = m^4 + 2m^3 + m^2 + 3$$

을 만족할 때 $p + m$의 값을 구하여라.

풀이 : 우변을 인수분해하면,

$$157p = m^4 + 2m^3 + m^2 + 3 = (m^2 - m + 1)(m^2 + 3m + 3)$$

이다. 또, 양의 정수 m에 대하여 $m^2 - m + 1 < m^2 + 3m + 3$이므로, $m^2 - m + 1 = 1$ 또는 $m^2 - m + 1 = p$ 또는 $m^2 - m + 1 = 157$이 가능하다.

 (i) $m^2 - m + 1 = 1$일 때, $m = 1$이고, $m^2 + 3m + 3 = 7 \neq 157p$이다. 이 경우를 만족하는 m과 p는 존재하지 않는다.

 (ii) $m^2 - m + 1 = p$일 때, $m^2 + 3m + 3 = 157$이고, 이를 풀면, $m = 11$이다. 그런데, $m^2 - m + 1 = 11^2 - 11 + 1 = 111 = p$이 되어 소수 p에 모순된다. 이 경우를 만족하는 m과 p는 존재하지 않는다.

 (iii) $m^2 - m + 1 = 157$일 때, 이를 풀면 $m = 13$이다. $m^2 + 3m + 3 = 13^2 + 3 \times 13 + 3 = 211 = p$이고, 211은 소수이다. 즉, $m = 13$, $p = 211$이다.

따라서 $p + m = 224$이다.   □

예제 3.18 (KMO, '2017) x에 대한 이차방정식 $x^2 + 24x - n^2 = 0$이 정수해를 갖도록 하는 양의 정수 n을 모두 더한 값을 구하여라.

풀이 : $x^2 + 24x - n^2 = 0$의 양변에 144를 더한 후, 좌변을 인수분해하면

$$(x + 12 + n)(x + 12 - n) = 144 = 2^4 \times 3^2$$

이다. $x+12+n$과 $x+12-n$은 홀짝성이 같은데, 우변이 짝수이므로 모두 짝수여야 한다. 그러므로 $(x+12+n, x+12-n) = (72, 2), (36, 4), (24, 6), (18, 8)$이 가능하다. 각각의 경우를 만족하는 n을 구하면 $n = 35, 16, 9, 5$이다. 이를 모두 더하면 65이다. □

예제 3.19 (KMO, '2019) 다음 조건을 만족하는 양의 정수 $m, n(m < n)$의 순서쌍 (m, n)의 개수를 구하여라.

$$m\text{이상 } n\text{이하의 모든 정수의 합이 } 1111\text{이다.}$$

풀이 : m이상 n이하의 모든 정수의 합은 $\dfrac{(m+n)(n-m+1)}{2}$이므로,

$$\frac{(m+n)(n-m+1)}{2} = 1111$$

이다. 이를 정리하면,

$$(n+m)(n-m+1) = 2222 = 2 \times 11 \times 101$$

이다. m, n이 양의 정수이므로 $m + n > m - n + 1$이다.

따라서 $(n+m, n-m+1) = (2222, 1), (1111, 2), (202, 11), (101, 22)$이 가능하다.

(i) $(n+m, n-m+1) = (2222, 1)$일 때, 이를 풀면 $m = n = 1001$이 되어 주어진 조건 $m < n$을 만족하지 않는다.

(ii) $(n+m, n-m+1) = (1111, 2)$일 때, 이를 풀면 $m = 555, n = 556$이다.

(iii) $(n+m, n-m+1) = (202, 11)$일 때, 이를 풀면 $m = 96, n = 106$이다.

(iv) $(n+m, n-m+1) = (101, 22)$일 때, 이를 풀면 $m = 40, n = 61$이다.

따라서 구하는 순서쌍 (m, n)은 $(555, 556), (96, 106), (40, 61)$로 모두 3개다. □

제 2 절 잉여계를 이용한 형태

잉여계를 이용한 형태 역시 아주 기본적인 형태이다. 완전제곱수는 법(mod) 4로는 0 또는 1이 될 수밖에 없고, 세 제곱수는 법(mod) 9로 −1, 0, 1 중 하나일 수밖에 없는 등의 사실을 이용하여 문제를 접근해 나가는 방법이다. 처음에는 이러한 기초적인 사실만으로 풀지만, 나중에는 2차 잉여 등의 고급 지식을 활용해야 하는 문제도 있으니 이론적인 기초를 꼭 다져놓아야 한다.

예제 3.20 $x^2 - 3y^2 = 17$를 만족하는 정수해의 순서쌍 (x, y)이 존재하지 않음을 보여라.

풀이 : 양변으로 법(mod) 3으로 해석해 보면, $x^2 \equiv 2 \pmod 3$이 되어야 하므로 모순이다. 따라서 주어진 부정방정식의 정수해는 존재하지 않는다.   □

예제 3.21 (CMO, '1969) 방정식 $a^2 + b^2 - 8c = 6$은 정수해가 없음을 보여라.

풀이 : 임의의 정수 a에 대하여, $a^2 \equiv 0, 1, 4 \pmod 8$이므로, $a^2 + b^2 - 8c \equiv 0, 1, 2, 4, 5 \pmod 8$이다. 즉 좌변은 $a^2 + b^2 - 8c \equiv 0, 1, 2, 4, 5 \pmod 8$이고, 우변은 6이므로, 이런 정수 a, b, c는 존재하지 않는다.   □

예제 3.22 (KMO, '1998) 방정식 $x^3 + 2y^3 + 4z^3 = 9$을 만족하는 정수 x, y, z가 존재하지 않음을 보여라.

풀이 : 임의의 정수 n에 대하여 n^3은 법 9에 대하여 0, 1, 8과 합동이다. 즉, $n^3 \equiv -1, 0, 1 \pmod 9$이다. 따라서

$$x^3 + 2y^3 + 4z^3 \equiv 9 \equiv 0 \pmod 9$$

를 만족하는 경우는 $x \equiv y \equiv z \equiv 0 \pmod 3$일 때 뿐이다. 그러므로

$$x^3 + 2y^3 + 4z^3 \equiv 0 \pmod{27}$$

이다. 하지만, $9 \not\equiv 0 \pmod{27}$이므로 모순이다. 따라서 주어진 방정식을 만족하는 정수 x, y, z은 존재하지 않는다. $\qquad \square$

예제 3.23 $15x^2 - 7y^2 = 9$를 만족하는 정수해의 순서쌍 (x, y)이 존재하지 않음을 보여라.

풀이 : $7y^2 = 15x^2 - 9 \equiv 1 \pmod 5$이므로, $y^2 \equiv 3 \pmod 5$이다. 그런데, $0^2 \equiv 0 \pmod 5$, $1^2 \equiv 4^2 \equiv 1 \pmod 5$, $2^2 \equiv 3^2 \equiv 4 \pmod 5$이므로, 3은 법 5의 2차 비잉여이다. 따라서 주어진 부정방정식의 해는 존재하지 않는다. $\qquad \square$

예제 3.24 소수 p, q에 대하여 $p^3 - q^5 = (p + q)^2$을 만족하는 순서쌍 (p, q)를 모두 구하여라.

풀이 : $p = 3$일 때, $27 - q^5 = (3 + q)^2$를 만족하는 소수 q는 존재하지 않는다. $q = 3$일 때, $p^3 - 243 = (p + 3)^2$를 만족하는 소수 $p = 7$이 존재한다. 즉 $(p, q) = (7, 3)$은 주어진 부정방정식의 한 해이다. 이제, p, q가 3이 아니라고 하자. 그러면 $p, q \equiv 1 \pmod 3$ 또는 $p, q \equiv 2 \pmod 3$이다. $p \not\equiv q \pmod 3$이라고 하면, $3 \mid (p + q)$이지만, $3 \nmid (p^3 - q^5)$이다. $p \equiv q \pmod 3$이라고 하면, $3 \mid (p^3 - q^5)$이지만, $3 \nmid (p + q)$이다. 따라서 p, q가 3이 아니면 해가 존재하지 않는다. 즉, 주어진 방정식의 해는 $(p, q) = (7, 3)$뿐이다. $\qquad \square$

예제 3.25 x, y에 관한 연립방정식

$$\begin{cases} ax + by = 1 \\ x^2 + y^2 = 50 \end{cases}$$

이 오직 정수해만을 가질 때, 이를 만족하는 실수의 순서쌍 (a, b)의 개수를 구하여라.

풀이 : $x^2 + y^2 = 50$을 만족하는 정수쌍 (x, y)을 구하면,

$$(x, y) = (-7, \pm 1), (7, \pm 1), (-5, \pm 5), (5, 5), (-1, \pm 7), (1, \pm 7)$$

이다. 위에서 구한 12개의 점을 지나는 직선의 방정식이 $ax + by = 1$이면 된다.

(i) 먼저 12개의 점에서 각각 접하는 접선의 방정식이 모두 12개가 있다. 이 경우에 실수의 순서쌍 (a, b)가 12개가 나온다.

(ii) 12개의 점에서 2개의 점을 동시에 지나는 직선의 방정식은 $\binom{12}{2} = 66$개가 있는데, 이 중에서 원점을 지나는 것은 제외해야 한다. 원점을 지나는 직선의 방정식이 6개가 있으므로, 이 경우에 실수의 순서쌍 (a, b)가 60개가 나온다.

따라서 (i), (ii)에 의하여 주어진 조건을 만족하는 실수의 순서쌍 (a, b)의 개수는 72개이다.
□

예제 3.26 (KMO, '2009) 양의 정수 m과 홀수 n이 방정식 $m + \dfrac{1}{m} = 6\left(\dfrac{n}{8} + \dfrac{8}{n}\right)$을 만족할 때, mn의 값을 구하여라.

풀이 : 주어진 방정식을 통분하면,

$$\frac{m^2 + 1}{m} = \frac{3(n^2 + 64)}{4n}$$

이다. 이를 정리하면,

$$4n(m^2 + 1) = 3m(n^2 + 64) \tag{1}$$

이다. n이 홀수므로, $n^2 + 64 \equiv 1 \pmod 4$이다. 따라서 $m \equiv 0 \pmod 4$이다. 이제, $m = 4k$ 라 하자. 단, k는 정수이다. 이를 식 (1)에 대입하고 정리하면,

$$n(16k^2 + 1) = 3k(n^2 + 64) \tag{2}$$

이다. $16k^2 + 1 \not\equiv 0 \pmod 3$이므로, $n \equiv 0 \pmod 3$이다. 그러므로 $n = 3l$라 하자. 단, l은 홀수인 정수이다. 이를 식 (2)에 대입하여 정리하면,

$$l(16k^2 + 1) = k(9l^2 + 64) \tag{3}$$

이다. $16k^2 + 1 \not\equiv 0 \pmod k$이므로, $k \mid l$이다. 또, $9l^2 + 64 \not\equiv 0 \pmod l$이므로, $l \mid k$이다. 따라서 $l = k$이다. 이를 식 (3)에 대입하고 정리하면, $k^2 = 9$이다. 즉, $k = l = 3$이다. 따라서 $n = 9$, $m = 12$이다. 그러므로 $mn = 108$이다.   □

예제 3.27 (KMO, '2010) 다음 등식을 만족시키는 양의 정수 a, b의 순서쌍 (a, b)의 개수를 구하여라.

$$\frac{3}{18620} = \frac{1}{a} + \frac{1}{b}.$$

풀이 : 주어진 식을 변형하면

$$(3a - 18620)(3b - 18620) = 18620^2 = 2^4 \cdot 5^2 \cdot 7^4 \cdot 19^2$$

이다. 그런데, $3a - 18620 \equiv 1 \pmod 3$, $3b - 18620 \equiv 1 \pmod 3$이므로, 3으로 나눈 나머지가 1이 아닌 인수인 2, 5만 주의하면 된다. $2^4 \cdot 5^2$의 약수 중 3으로 나눈 나머지가 1이 되는 것은 1, 2^2, $2 \cdot 5$, 5^2, 2^4, $2^3 \cdot 5$, $2^2 \cdot 5^2$, $2^4 \cdot 5^2$의 8가지 경우이다. 따라서 구하는 순서쌍 (a, b)의 개수는 $8 \times 5 \times 3 = 120$개이다. $\quad\square$

예제 3.28 (KMO, '2010) 양의 정수 x, y에 대하여, $x^3 + y^2$이 7의 배수인 세 자리 수가 되도록 하는 순서쌍 (x, y)의 개수를 구하여라.

풀이 : $x^3 \equiv 0, 1, 6 \pmod 7$, $y^2 \equiv 0, 1, 2, 4 \pmod 7$이므로, $x^3 + y^2$이 7의 배수가 되는 경우는 (i) $x \equiv 0 \pmod 7$, $y \equiv 0 \pmod 7$과 (ii) $x \equiv 6 \pmod 7$, $y \equiv 1 \pmod 7$이다.

먼저 (i) $x \equiv 0 \pmod 7$, $y \equiv 0 \pmod 7$의 경우를 살펴보자. 이 경우에 가능한 $x = 7$뿐이고, $y = 7$, 14, 21이 가능하다. 즉, $(x, y) = (7, 7)$, $(7, 14)$, $(7, 21)$이다.

이제, (ii) $x \equiv 6 \pmod 7$, $y \equiv 1 \pmod 7$인 경우를 살펴보자. 이 경우에 가능한 x는 $7k + 3$, $7k + 5$, $7k + 6$꼴이고, y는 $7m + 1$, $7m + 6$꼴이다. 그러므로 $x = 3, 5, 6$이고, $y = 1, 6, 8, 13, 15, 20, 22, 27, 29$이다. 그런데, 이 경우 중 $x^3 + y^2$이 세 자리 수가 아닌 경우를 제외해야 하므로, 모두 23개의 (x, y)쌍이 있다.

따라서 우리가 구하는 순서쌍 (x, y)의 개수는 26개이다. $\quad\square$

예제 3.29 (KMO, '2012) 등식 $5^l(43^m) + 1 = n^3$을 만족하는 양의 정수 l, m, n을 모두 구하여라.

풀이 : 주어진 식으로부터 $5^l(43^m) = n^3 - 1 = (n-1)(n^2 + n + 1)$이 되고, 유클리드 호제법으로부터 $\gcd(n-1, n^2 + n + 1) = \gcd(n-1, 3)$이다. 그러므로 $\gcd(n-1, n^2 + n + 1) = 1$ 또는 3이다. 그런데, 좌변의 소인수가 5와 43이므로 $\gcd(n-1, n^2 + n + 1) = 1$이다. 이제, 다음의 세 가지 경우로 나눠 살펴보자.

(i) $n - 1 = 1$, $n^2 + n + 1 = 1$인 경우는 등식을 만족하지 않는다.

(ii) $n - 1 = 5^l$, $n^2 + n + 1 = 43^m$인 경우, $n = 5^l + 1$를 $n^2 + n + 1 = 43^m$에 대입하면,

$$5^{2l} + 3 \cdot 5^l + 3 = 43^m$$

이다. $l = 1$, $n = 6$, $m = 1$일 때, 위 식을 만족한다. $l \geq 2$이면 $n^2 + n + 1 \equiv 3 \pmod{25}$, $43^m \equiv \pm 1, \pm 7 \pmod{25}$로 만족하는 경우가 없다.

(iii) $n - 1 = 43^m$, $n^2 + n + 1 = 5^l$인 경우, $n = 43^m + 1 \equiv 0, 2, 3, 4 \pmod 5$이다. 이 때, $n^2 + n + 1 \not\equiv 0 \pmod 5$를 만족하는 경우가 없다.

따라서 주어진 조건을 만족하는 l, m, n은 $l = 1$, $m = 1$, $n = 6$ 뿐이다. $\square$

제 3 절   무한강하법

방정식의 좌변과 우변이 짝수밖에 나올 수 없다는 사실로부터 약분을 무한번 하여도 계속해서 짝수가 나와야하므로 결국 답은 0밖에 없다는 것을 보이는 방법이다.

예제 3.30 (USAMO, '1976) $x^2 + y^2 + z^2 = x^2 y^2$을 만족하는 정수해의 순서쌍 (x, y)를 모두 구하여라.

풀이 : x, y, z가 모두 홀수이면 $3 \equiv 1 \pmod 4$이 되어 모순이고, 셋 중 하나가 홀수이면 좌변 은 홀수, 우변은 짝수가 되어 모순이다. 만약 x, y가 홀수이고, z가 짝수이면 $2 \equiv 1 \pmod 4$가 되어 모순이다. 또, x, y 중 하나만 홀수이고, z가 홀수이면 $2 \equiv 0 \pmod 4$가 되어 역시 모순 이다. 따라서 x, y, z는 짝수이고, $x = 2x_1$, $y = 2y_1$, $z = 2z_1$으로 놓으면 $x_1^2 + y_1^2 + z_1^2 = 2^2 x_1^2 y_1^2$ 으로 무한강하법을 시행할 수 있어, $x = y = z = 0$이 된다. 따라서 주어진 식을 만족하는 정수해는 $x = y = z = 0$이다. 즉, $(x, y, z) = (0, 0, 0)$이다.   □

예제 3.31 (KMO, '2002) 방정식 $x^3 + 2y^3 + 4z^3 + 8xyz = 0$의 정수해를 모두 구하여라.

풀이 : $(x, y, z) = (0, 0, 0)$이 해임은 쉽게 알 수 있다. 이제 (x_1, y_1, z_1)이 주어진 방정식의 해라고 하자. 그러면 $2y^3$과 $4z^3$, $8xyz$가 모두 짝수이므로, x는 짝수이다. 그래서, $x_1 = 2x_2$ 라고 두자. 이를 원래 식에 대입하고, 양변을 2로 나누면

$$4x_1^3 + y_1^3 + 2z_1^3 + 8x_1 y_1 z_1 = 0$$

이 된다. 마찬가지로 y_1은 짝수이므로 $y_1 = 2y_2$라고 두고 위 식에 대입하고, 양변을 2로 나누 면 z_1이 짝수가 되어 $z_1 = 2z_2$로 놓을 수 있다. 무한강하법에 의하여, x_1, y_1, z_1은 2로 계속 나누어 떨어져야 한다. 즉, x_1, y_1, z_1은 모두 0일 수밖에 없다. 따라서 주어진 방정식의 음의 아닌 정수쌍 $(0, 0, 0)$뿐이다.   □

예제 3.32 $x^3 + 2y^3 = 4z^3$을 만족하는 음이 아닌 정수쌍 (x, y, z)를 구하여라.

풀이 : $(x, y, z) = (0, 0, 0)$이 해임은 쉽게 알 수 있다. 이제 (x_1, y_1, z_1)이 주어진 방정식의 해라고 하자. 그러면 $2y^3$과 $4z^3$이 짝수이므로, x는 짝수이다. 그래서, $x_1 = 2x_2$라고 두자. 이를 원래 식에 대입하고, 양변을 2로 나누면

$$4x_1^3 + y_1^3 = 2z_1^3$$

이 된다. 마찬가지로 y_1은 짝수이므로 $y_1 = 2y_2$라고 두고 위 식에 대입하고, 양변을 2로 나누면 z_1이 짝수가 되어 $z_1 = 2z_2$로 놓을 수 있다. 무한강하법에 의하여, x_1, y_1, z_1은 2로 계속 나누어 떨어져야 한다. 즉, x_1, y_1, z_1은 모두 0일 수밖에 없다. 따라서 주어진 방정식의 음의 아닌 정수쌍 $(0, 0, 0)$뿐이다.   □

예제 3.33 (HMO, '2000) 소수 p에 대하여 $p^n = x^3 + y^3$을 만족하는 양의 정수쌍 (n, x, y)이 존재할 때, p를 모두 구하여라.

풀이 : $2^1 = 1^3 + 1^3$, $3^2 = 2^3 + 1^3$이 되어 소수 2, 3일 때, 주어진 방정식을 만족하는 양의 정수쌍이 존재함을 알 수 있다.

이제 $p \geq 5$인 소수일 때, 주어진 방정식을 만족하는 양의 정수쌍이 존재하지 않음을 무한강하법을 이용하여 보이자.

$p \geq 5$이라고 하자. 그러면 x, y 중 적어도 하나는 1보다 크다. 또한, $x^3 + y^3 = (x + y)(x^2 - xy + y^2)$이 성립한다. 더욱이, $x + y \geq 3$이고, $x^2 - xy + y^2 = (x - y)^2 + xy \geq 2$가 성립한다. 따라서 $x + y$와 $x^2 - xy + y^2$이 모두 p로 나누어 떨어져야 한다. 또, $(x + y)^2 - (x^2 - xy + y^2) = 3xy$도 p로 나누어 떨어져야 한다. 그런데, $p \nmid 3$이므로 $p \mid xy$이어야 한다. 즉, x, y 중 적어도 하나는 p의 배수이다. $x + y$가 p로 나누어 떨어지므로 x, y 모두 p의 배수이다. 따라서 $x^3 + y^3 \geq 2p^3$이다. 그러므로

$$p^{n-3} = \frac{p^n}{p^3} = \frac{x^3}{p^3} + \frac{y^3}{p^3} = \left(\frac{x}{p}\right)^3 + \left(\frac{y}{p}\right)^3$$

이어야 한다. 따라서 n에 대한 무한강하법을 사용하면 $n = 1$, 2일 수밖에 없게 되어, 주어진 방정식을 만족하는 양의 정수쌍 (n, x, y)이 존재하지 않는다. 따라서 구하는 소수 $p = 2, 3$ 뿐이다.   □

예제 3.34 (KMO, '2009) 양의 정수 n에 대해서 방정식

$$z^n = 8x^{2009} + 23y^{2009}$$

의 정수해가 $x = y = z = 0$밖에 없을 때, 이러한 n의 최솟값을 구하여라.

풀이 : y에 x를 대입해 식을 정리하면, $z^n = 31x^{2009}$가 된다. 따라서 $x = y = 31^k$, $z = 31^m$, $mn = 2009k + 1$을 만족하는 x, y, z가 주어진 방정식을 만족해는 정수해가 됨을 알 수 있다. 단, k, m은 음이 아닌 정수이다. 이제, $mn = 2009k + 1$을 만족하는 음이 아닌 정수 k, m을 찾으면 주어진 방정식의 해를 찾을 수 있다.

먼저 $n = 1, 2, 3, 4, 5, 6$일 때는 2009와 2, 3, 5가 서로 소이므로, $mn = 2009k + 1$을 만족하는 음이 아닌 정수 m, k가 존재한다.

이제 $n = 7$일 때를 살펴보자. $7 \mid mn$, $7 \nmid (2009k + 1)$이므로, $mn = 2009k + 1$을 만족하는 m, k가 존재하지 않는다. 따라서 우리는 $z^7 = 8x^{2009} + 23y^{2009}$을 만족하는 정수해가 $x = y = z = 0$ 뿐이면 보이면 된다. $z^7 = 8(x^{287})^7 + 23(y^{287})^7$와 같이 나타낼 수 있으므로,

$$z^7 = 8x^7 + 23y^7 \tag{1}$$

의 정수해가 $x = y = z = 0$임을 보이면 된다. 임의의 정수 x에 대해

$$x^7 \equiv 0, -1, 1, 12, -12 \pmod{29}$$

이다. 이를 식 (1)에 대입하면 만족하는 법 29에 대한 나머지를 구하면 0밖에 없음을 알 수 있다. 그러므로 $x = 29x_1$, $y = 29y_1$, $z = 29z_1$라 하고, 식 (1)에 대입하여 정리하면,

$$z_1^7 = 8x_1^7 + 23y_1^7 \tag{2}$$

이다. 마찬가지로, x_1, y_1, z_1도 29의 배수임을 알 수 있다. 무한강하법에 의하여 $x = y = z = 0$ 일 수 밖에 없다. 따라서 $n = 7$일 때, 주어진 방정식을 만족하는 정수해는 $x = y = z = 0$ 뿐이다. 즉, 주어진 방정식을 만족하는 정수해가 $x = y = z = 0$뿐일 때, n의 최솟값은 7이다. $\square$

예제 3.35 (KMO, '2012) 방정식 $4x^3 - 5x^2y + 10xy^2 + 12y^3 - 108x - 81y = 0$을 만족하고 각각의 절댓값이 1000이하인 정수 x, y의 순서쌍 (x, y)의 개수를 구하여라.

풀이 : 주어진 식을 인수분해하면,

$$(4x + 3y)(x^2 - 2xy + 4y^2 - 27) = 0$$

이다. 그러므로 $4x + 3y = 0$ 또는 $x^2 - 2xy + 4y^2 - 27 = 0$이다.

(i) $4x + 3y = 0$의 해는 $(3t, -4t)$(단, t는 정수)꼴이다. 절댓값이 1000이하인 정수는 $-250 \leq t \leq 250$일 때이므로, 모두 501개이다.

(ii) $x^2 - 2xy + 4y^2 - 27 = 0$일 때는 $(x - y)^2 + 3y^2 = 27$이 되어 무한강하법에 의하여 $x = y$, $y = \pm 3$임을 알 수 있다. 즉, $(x, y) = (3, 3)$, $(-3, -3)$로 모두 2개이다.

따라서 주어진 방정식을 만족하는 순서쌍 (x, y)는 모두 503개이다. $\square$

제 4 절   부등식의 영역을 이용하는 방법

부등식의 성질을 이용하여 한 변수에 대하여 범위를 좁혀, 주어진 부정방정식의 해를 찾는다.

예제 3.36 (KMO, '2007) 방정식 $m^3 = n^3 + 2n^2 + m^2 + 7$을 만족시키는 자연수의 순서쌍 (m, n)을 모두 $(m_1, n_1), (m_2, n_2), \cdots, (m_k, n_k)$라 할 때, $m_1 + m_2 + \cdots + m_k$를 구하여라.

풀이 : $m^3 = n^3 + 2n^2 + m^2 + 7$을 $m^3 - n^3 = 2n^2 + m^2 + 7$로 변형하고, m, n에 대한 부등식을 생각하자. $(1,1), (1,2), (2,1), (2,2)$에서 해가 존재하지 않으므로, $m > 2$, $n > 2$인 범위에서 살펴보자.

$$m^3 - n^3 > 0, \quad (m-1)^3 < m^3 - m^2 = n^3 + 2n^2 + 7 < (n+1)^3$$

이므로, $n < m$, $m - 1 < n + 1$임을 알 수 있다. 따라서 $m = n + 1$만 가능하다. 이 식을 $m^3 - n^3 = 2n^2 + m^2 + 7$에 대입하여 정리하면, $n = 7$, $m = 8$을 얻는다. 따라서 방정식 $m^3 = n^3 + 2n^2 + m^2 + 7$을 만족시키는 자연수의 순서쌍은 $(m, n) = (8, 7)$뿐이다. 구하는 답은 8이다. $\square$

예제 3.37 디오판틴 방정식 $6x^2 + 5y^2 = 74$를 풀어라.

풀이 : 임의의 정수 y에 대하여 $5y^2 \geq 0$이 성립하므로 주어진 방정식의 해 (x, y)는

$$74 = 6x^2 + 5y^2 \geq 6x^2$$

을 만족하고, $x^2 < \dfrac{37}{3}$이다. 그러므로 $-3 \leq x \leq 3$이고, $x^2 = 0, 1, 4, 9$이다. 이것을 주어진 식에 대입하면 y가 정수가 되는 경우는 $y^2 = 4$이다. 즉, $y = \pm 2$이다. 따라서 주어진 방정식의 정수해는 $(x, y) = (3, -2), (3, 2), (-3, 2), (-3, -2)$이다. $\square$

예제 3.38 $x - y = x^2 + xy + y^2$을 만족하는 음이 아닌 정수해의 순서쌍 (x, y)를 모두 구하여라.

풀이 : 음이 아닌 정수 x, y에 대하여, $x - y \leq x \leq x^2 \leq x^2 + xy + y^2$이 성립한다. 등호가 성립하기 위해서는 $y = 0$이고, $x = 0$ 또는 $x = 1$이다. 따라서 주어진 방정식의 해는 $(x, y) = (0, 0), (1, 0)$이다. □

예제 3.39 $x^2 + xy + y^2 = x^2 y^2$을 만족하는 정수해의 순서쌍 (x, y)를 모두 구하여라.

풀이 : 주어진 식이 x, y에 대한 대칭식이므로 $x^2 \leq y^2$이라 가정해도 일반성을 잃지 않는다. 그러면 $xy \leq y^2$이고,

$$x^2 y^2 = x^2 + xy + y^2 \leq y^2 + y^2 + y^2 = 3y^2$$

이다. 그러므로 $y = 0$ 또는 $x^2 \leq 3$이다. $y = 0$이면, $x = 0$이다. $x^2 \leq 3$이면, $(x, y) = (-1, 1)$, $(0, 0)$을 얻는다. 따라서 주어진 방정식의 정수해는 $(x, y) = (-1, 1), (0, 0), (1, -1)$이다. □

예제 3.40 방정식 $5x^2 + 2y^2 = 98$를 만족하는 정수해의 순서쌍 (x, y)를 모두 구하여라.

풀이 : $y^2 \geq 0$이므로, $5x^2 < 100$이다. 즉, $x^2 < 20$이다. 또, 홀짝성에서 의하여 x는 짝수이다. 그러므로 x로 가능한 정수는 $-4, -2, 0, 2, 4$이다. 이를 주어진 방정식에 대입하여 y^2을 구하면, 각각 $9, 39, 49, 39, 9$이다. 따라서 구하는 정수해는

$$(x, y) = (-4, 3), (-4, -3), (0, 7), (0, -7), (4, 3), (4, -3)$$

이다. □

예제 3.41 방정식 $x^2 - xy + y^2 - 2x - 2y + 3 = 0$을 만족하는 정수해의 순서쌍 (x, y)를 모두 구하여라.

풀이 : 주어진 방정식을 x에 대한 내림차순으로 정리하면

$$x^2 - (y + 2)x + (y^2 - 2y + 3) = 0$$

이다. 따라서

$$x = \frac{(y + 2) \pm \sqrt{(y + 2)^2 - 4(y^2 - 2y + 3)}}{2}$$
$$= \frac{(y + 2) \pm \sqrt{-3y^2 + 12y - 8}}{2}$$

이다. x의 실수조건으로부터 판별식 $D = -3y^2 + 12y - 8 \geq 0$이어야 한다. 즉,

$$2 - \frac{2\sqrt{3}}{3} \leq y \leq 2 + \frac{2\sqrt{3}}{3}$$

이다. 따라서 $y = 1, 2, 3$만 가능하다.

(i) $y = 1$일 때, $x = 1, 2$이다.

(ii) $y = 2$일 때, $x = 1, 3$이다.

(iii) $y = 3$일 때, $x = 2, 3$이다.

따라서 주어진 방정식을 만족하는 정수해의 순서쌍은

$$(x, y) = (1, 1), (1, 2), (2, 1), (2, 3), (3, 2), (3, 3)$$

이다. □

예제 3.42 서로 다른 양의 정수 x, y에 대하여, $x^3 + 21y = y^3 + 21x$을 만족하는 순서쌍 (x, y)를 모두 구하여라.

풀이 : 주어진 관계식을 변형하면

$$(x - y)(x^2 + xy + y^2 - 21) = 0$$

이다. $x \neq y$이므로

$$x^2 + xy + y^2 = 21$$

을 만족하는 x, y를 구하면 된다. 먼저 $x < y$라 가정하자. 그러면

$$3x^2 < x^2 + xy + y^2 = 21$$

이므로, $x = 1, 2$만 가능하고, 이 때, y를 구하면, $(x, y) = (1, 4)$를 얻는다.

마찬가지로, $x > y$라 가정하자. 그러면 같은 방법으로 $(x, y) = (4, 1)$을 얻는다. 따라서 주어진 조건을 만족하는 $(x, y) = (1, 4), (4, 1)$이다.   □

예제 3.43 (KMO, '2012) 정수 x 중 $x^4 + x^3 + x^2 + x + 1$이 완전제곱수가 되게 하는 것들의 합을 구하여라.

풀이 : 다음 부등식을 생각하자.

$$(2x^2 + x)^2 < 4(x^4 + x^3 + x^2 + x + 1) < (2x^2 + x + 1)^2.$$

위 부등식이 성립하면 $x^4 + x^3 + x^2 + x + 1$이 완전제곱수가 되는 x는 존재하지 않는다. 따라서 위 부등식이 성립하지 않을 때를 살펴보면 된다. 좌변의 부등식은 모든 x에 대하여 성립함을 알 수 있다. 따라서 우변의 부등식이 성립하지 않을 때, 즉,

$$4(x^4 + x^3 + x^2 + x + 1) \geq (2x^2 + x + 1)^2$$

이 성립하는 x를 구하면 된다. 위 부등식을 풀면

$$x^2 - 2x - 3 \leq 0, \quad (x - 3)(x + 1) \leq 0, \quad -1 \leq x \leq 3$$

이다. $x = -1, 0, 1, 2, 3$중에서 $x^4 + x^3 + x^2 + x + 1$이 완전제곱수가 되는 정수 x는 $-1, 0, 3$이다. 따라서 구하는 답은 2이다.   □

제 5 절   연습문제

연습문제 3.1 ★————————————————————————————

$\dfrac{5}{x} + \dfrac{6}{y} = 1$을 만족하는 양의 정수해의 순서쌍 (x, y)를 모두 구하여라.

연습문제 3.2 ★★————————————————————————————

$2x^2 - xy = 10$을 만족하는 양의 정수해의 순서쌍 (x, y)를 모두 구하여라.

연습문제 3.3 ★★————————————————————————————

$xy - 2x - 2y = -7$을 만족하는 양의 정수해의 순서쌍 (x, y)를 모두 구하여라.

연습문제 3.4 ★★————————————————————————————

$3x^2 + 5xy - 2x - 2y^2 + 3y - 2 = 0$의 정수해의 순서쌍 (x, y)를 모두 구하여라.

연습문제 3.5 ★★─────────────────────────────────

$x^2 - y^2 = 2011$의 정수해를 구하여라.

연습문제 3.6 ★★★─────────────────────────────────

$x^2 + y^2 + z^2 = 7$을 만족하는 정수해가 존재하지 않음을 보여라.

연습문제 3.7 ★★★───────────────────────────────

y가 짝수일 때, $x^2 - y^3 = 7$을 만족하는 정수해가 존재하지 않음을 보여라.

연습문제 3.8 ★★★───────────────────────────────

x가 홀수일 때, $x^2 + 5 = y^3$을 만족하는 정수해가 존재하지 않음을 보여라.

연습문제 3.9 ★★★★

양의 정수 x, y, z에 대하여,

$$x^3 + 3y^3 + 9z^3 = 9xyz$$

를 만족하는 정수쌍 (x, y, z)가 존재하지 않음을 보여라.

연습문제 3.10 ★★★★★

$x^3 + 8x^2 - 6x + 8 = y^3$을 만족하는 음이 아닌 정수해의 순서쌍 (x, y)를 모두 구하여라.

연습문제 3.11 ★★★★————————————————————————————————

$x + x^2 = y + y^2 + y^3 + y^4$을 만족시키는 양의 정수해의 순서쌍 (x, y)를 모두 구하여라.

연습문제 3.12 ★★★★★————————————————————————————

$\dfrac{x^2 + y}{y^2 - x}$, $\dfrac{y^2 + x}{x^2 - y}$가 모두 정수가 되는 양의 정수해 순서쌍 (x, y)를 모두 구하여라.

연습문제 3.13 ★★★★───────────────

$x(x+1)(x+7)(x+8) = y^2$을 만족하는 정수해의 순서쌍 (x, y)를 모두 구하여라.

연습문제 3.14 ★★★───────────────

방정식 $x(y+1)^2 = 243y$를 만족하는 정수해의 순서쌍 (x, y)를 모두 구하여라.

연습문제 3.15 ★────────────────────────────────────

방정식 $x^2 = 3y^2 + 8$을 만족하는 정수해의 순서쌍 (x, y)를 모두 구하여라.

연습문제 3.16 ★★★──────────────────────────────

두 수 $n^2 + 3m$과 $m^2 + 3n$이 모두 완전제곱수가 되게 하는 양의 정수 m, n에 대하여 mn의 최댓값을 구하여라.

연습문제 풀이

연습문제풀이 3.1 $\dfrac{5}{x} + \dfrac{6}{y} = 1$을 만족하는 양의 정수해의 순서쌍 (x, y)를 모두 구하여라.

풀이 : 양변에 xy를 곱하여 정리하면, $xy - 6x - 5y = 0$이다. 양변에 30을 더하고 인수분해하면,

$$(x-5)(y-6) = 30$$

이 된다. 이를 풀면,

$$(x, y) = (6, 36), \ (7, 21), \ (8, 16), \ (10, 12), \ (11, 11), \ (15, 9), \ (20, 8), \ (35, 7)$$

이다. □

연습문제풀이 3.2 $2x^2 - xy = 10$을 만족하는 양의 정수해의 순서쌍 (x, y)를 모두 구하여라.

풀이 : $2x^2 - xy = 10$을 다시 정리하면 $x(2x - y) = 10$이다. 그러므로 x는 10의 약수이어야 한다. $x = 1, 2, 5, 10$만 취할 수 있으므로, 이 때, y의 값은 각각 $-8, -1, 8, 19$이다. 따라서 y도 양의 정수이므로 구하는 양의 정수해의 순서쌍 $(x, y) = (5, 8), (10, 19)$이다. □

연습문제풀이 3.3 $xy - 2x - 2y = -7$을 만족하는 양의 정수해의 순서쌍 (x, y)를 모두 구하여라.

풀이 : $xy - 2x - 2y = -7$를 다시 정리하면

$$(x-2)(y-2) = -3$$

이다. $x - 2 = -3, -1, 1, 3$의 값을 취하고, 이때 $y - 2$의 값은 각각 $1, 3, -3, -1$이다. 그런데, x, y가 모두 양의 정수이어야 하므로 $(x, y) = (1, 5), (5, 1)$뿐이다. □

연습문제풀이 3.4 $3x^2 + 5xy - 2x - 2y^2 + 3y - 2 = 0$의 정수해의 순서쌍 (x, y)를 모두 구하여라.

풀이 : $3x^2 + 5xy - 2x - 2y^2 + 3y - 2 = 0$을 x에 대한 내림차순으로 정리하면, $3x^2 + (5y - 2)x - (2y^2 - 3y + 1) = 1$이 된다. 좌변을 인수분해하면

$$(3x - y + 1)(x + 2y - 1) = 1$$

이다. 그러므로 $3x - y + 1 = 1$, $x + 2y - 1 = 1$ 또는 $3x - y + 1 = -1$, $x + 2y - 1 = -1$이다. 이를 풀면 $x = \dfrac{2}{7}, y = \dfrac{6}{7}$ 또는 $x = -\dfrac{4}{7}, y = \dfrac{2}{7}$이다. 따라서 주어진 방정식의 정수해는 없다. $\square$

연습문제풀이 3.5 $x^2 - y^2 = 2011$의 정수해를 구하여라.

풀이 : $x^2 - y^2 = 2011$은 $(x - y)(x + y) = 2011$이 되고, 2011은 소수이므로

$$\begin{cases} x - y &= 1 \\ x + y &= 2011 \end{cases}, \quad \begin{cases} x - y &= 2011 \\ x + y &= 1 \end{cases}, \quad \begin{cases} x - y &= -1 \\ x + y &= -2011 \end{cases}, \quad \begin{cases} x - y &= -2011 \\ x + y &= -1 \end{cases}$$

이다. 이를 풀면

$$(x, y) = (1006, 1005), \ (1006, -1005), \ (-1006, -1005), \ (-1006, 1005)$$

이다. $\square$

연습문제풀이 3.6 $x^2 + y^2 + z^2 = 7$을 만족하는 정수해가 존재하지 않음을 보여라.

풀이 : 정수 m에 대하여, $m^2 \equiv 0, 1, 4 \pmod{8}$이므로, 정수 x, y, z에 대하여

$$x^2 + y^2 + z^2 \equiv 0, 1, 2, 3, 4, 5, 6 \pmod{8}$$

이다. 따라서 $x^2 + y^2 + z^2 = 7$을 만족하는 정수해는 존재하지 않는다. $\square$

연습문제풀이 3.7 y가 짝수일 때, $x^2 - y^3 = 7$을 만족하는 정수해가 존재하지 않음을 보여라.

풀이 : x, y가 주어진 방정식의 한 해라고 하자. y가 짝수이므로, $y \equiv 0 \pmod 8$이고, $x^2 \equiv 7 \pmod 8$이어야 한다. 그런데, 정수의 제곱은 법 8에 대하여 0, 1, 4와 합동이므로 이는 모순이다. 따라서 y가 짝수일 때, 주어진 방정식을 만족하는 정수해는 존재하지 않는다. □

연습문제풀이 3.8 x가 홀수일 때, $x^2 + 5 = y^3$을 만족하는 정수해가 존재하지 않음을 보여라.

풀이 : x, y가 주어진 방정식의 한 해라고 하자. x가 홀수이므로, $x^2 \equiv 1 \pmod 8$이므로 $y^2 \equiv 6 \pmod 8$이어야 한다. 그런데, 정수의 제곱은 법 8에 대하여 0, 1, 4와 합동이므로 이는 모순이다. 따라서 x가 홀수일 때, 주어진 방정식을 만족하는 정수해는 존재하지 않는다. □

연습문제풀이 3.9 양의 정수 x, y, z에 대하여,

$$x^3 + 3y^3 + 9z^3 = 9xyz$$

를 만족하는 정수쌍 (x, y, z)가 존재하지 않음을 보여라.

풀이 : 주어진 식을 만족하는 양의 정수쌍 (x_0, y_0, z_0)가 존재한다고 가정하자. 그러면 $x_0^3 = 3(3x_0 y_0 z_0 - y_0^3 - 3z_0^3)$이므로, $3 \mid x_0^3$이다. 즉, $3 \mid x_0$이다. 따라서 $x_0 = 3x_1$라고 하자. 단, x_1은 양의 정수이다. $(3x_1, y_0, z_0)$을 주어진 식에 대입하면, $y_0^3 + 3z_0^3 + 9x_1^3 = 9y_0 z_0 x_1$이 되어, $3 \mid y_0^3$이다. 즉, $3 \mid y_0$이다. 따라서 $y_0 = 3y_1$라고 하자. 단, y_1는 양의 정수이다.

마찬가지로 $3 \mid z_0$이고, $z_0 = 3z_1$라고 하자. 단, z_1는 양의 정수이다. 이 때, 주어진 식은 $x_1^3 + 3y_1^3 + 9z_1^3 = 9x_1 y_1 z_1$가 된다. 따라서 $(x_1, y_1, z_1) = \left(\frac{x_0}{3}, \frac{y_0}{3}, \frac{z_0}{3} \right)$은 주어진 식을 만족시키는 양의 정수해이다.

같은 방법을 계속 반복하면, $\left(\frac{x_0}{3^n}, \frac{y_0}{3^n}, \frac{z_0}{3^n} \right)$가 모두 주어진 식의 해가 된다. 단, n은 자연수이다. 그런데, 결국 모든 n에 대하여, 주어진 식의 해가 되려면, $\left(\frac{x_0}{3^n}, \frac{y_0}{3^n}, \frac{z_0}{3^n} \right) = (0, 0, 0)$이 되어야 하는데, 이는 모순이다. 따라서 주어진 식을 만족하는 양의 정수해는 존재하지 않는다. □

연습문제풀이 3.10 $x^3 + 8x^2 - 6x + 8 = y^3$을 만족하는 음이 아닌 정수해의 순서쌍 (x, y)를 모두 구하여라.

풀이 : $x^3 + 8x^2 - 6x + 8 = (x+1)^3 + 5x^2 - 9x + 7$에서

$$0 < 5x^2 - 9x + 7 = 5\left(x - \frac{9}{10}\right)^2 + \frac{59}{20}$$

이고 $x^3 + 8x^2 - 6x + 8 = (x+3)^3 - (x^2 + 33x + 19)$에서 $0 < x^2 + 33x + 19$이므로

$$(x+1)^3 < y^3 < (x+3)^3$$

이다. $y = x + 2$라고 두면, 주어진 식에 대입하면

$$(x+2)^3 = x^3 + 8x^2 - 6x + 8$$

이다. 이를 전개하여 정리하면

$$2x^2 - 18x = 0$$

이다. 이를 풀면 $x = 0, 9$이고 이를 $y = x + 2$에 대입하면 $y = 2, 11$을 얻는다. 따라서 구하는 음이 아닌 정수해의 순서쌍 $(x, y) = (0, 2), (9, 11)$이다.　□

연습문제풀이 3.11 $x + x^2 = y + y^2 + y^3 + y^4$을 만족시키는 양의 정수해의 순서쌍 (x, y)를 모두 구하여라.

풀이 : 좌변을 완전제곱형태로 만들기 위해서 양변에 4를 곱하고 1을 더하면

$$4(x^2 + x) + 1 = 4(y^4 + y^3 + y^2 + y) + 1$$

이다. 그러면

$$(2x + 1)^2 = 4y^4 + 4y^3 + 4y^2 + 4y + 1$$

이다. 그런데,

$$(2y^2 + y)^2 < 4y^4 + 4y^3 + 4y^2 + 4y + 1 < (2y^2 + y + 2)^2$$

이므로

$$(2x + 1)^2 = (2y^2 + y + 1)^2$$

이다. 즉,

$$4y^4 + 4y^3 + 4y^2 + 4y + 1 = (2y^2 + y + 1)^2 = 4y^4 + 4y^3 + 5y^2 + 2y + 1$$

이다. 이를 정리하면

$$y^2 - 2y = 0$$

이다. 이를 풀면 y는 양의 정수이므로 $y = 2$만 가능하다. 이때, x의 값은 $x = 5$이다. 따라서 구하는 양의 정수해의 순서쌍 $(x, y) = (5, 2)$이다. □

연습문제풀이 3.12 $\dfrac{x^2 + y}{y^2 - x}$, $\dfrac{y^2 + x}{x^2 - y}$가 모두 정수가 되는 양의 정수해 순서쌍 (x, y)를 모두 구하여라.

풀이 : 대칭성의 원리에 의하여 $x \geq y$라고 두자. 그런데, $x > y + 1$이면 $x^2 - y > (y+1)x - y = xy + x - y > y^2 + x$이므로 모순이다. 따라서 $x = y$ 또는 $x = y + 1$만 가능하다.

(i) $x = y$일 때, $\dfrac{x + 1}{x - 1}$이 정수가 되어야 하므로 $(x, y) = (2, 2)$, $(3, 3)$이다.

(ii) $x = y + 1$일 때,
$$\frac{x^2 + y}{y^2 - x} = \frac{y^2 + 3y + 1}{y^2 - y - 1} = 1 + \frac{4y + 2}{y^2 - y - 1}$$

이 정수이다. 그러므로 $y = 1$이면, $\dfrac{4y + 2}{y^2 - y - 1} = -6$이 되어 성립한다. 즉, $(x, y) = (2, 1)$이다. 또한, $y \geq 2$이면, $4y + 2 \geq y^2 - y - 1$이므로 $y = 2, 3, 4, 5$이다. 이를 주어진 식에 대입하면 $y = 2$일 때만 해가 된다. 즉, $(x, y) = (3, 2)$이다.

$x < y$인 경우에도 살펴보면 대칭성의 원리에 의하여 $(x, y) = (2, 3)$가 해가 됨을 알 수 있다. 따라서 주어진 방정식의 양의 정수해 순서쌍 $(x, y) = (2, 2), (3, 3), (1, 2), (2, 1), (2, 3), (3, 2)$이다. □

연습문제풀이 3.13 $x(x+1)(x+7)(x+8) = y^2$을 만족하는 정수해의 순서쌍 (x,y)를 모두 구하여라.

풀이 : 주어진 식을 변형하면

$$y^2 = (x^2 + 8x)(x^2 + 8x + 7)$$

을 얻는다. $x^2 + 8x = a$라 놓으면 주어진 방정식은

$$y^2 = a^2 + 7a$$

이다. $a > 9$라 가정하자. 그러면

$$(a+3)^2 = a^2 + 6a + 9 < a^2 + 7a = y^2 < a^2 + 8a + 16 = (a+4)^2$$

이고, $a+3$, y, $a+4$가 모두 정수이므로 위의 부등식으로 부터

$$|a+3| < |y| < |a+4|$$

를 얻고 이것은 모순이다. 따라서 $a \leq 9$이다. 즉, $x^2 + 8x \leq 9$이고

$$(x+4)^2 = x^2 + 8x + 16 \leq 25$$

이다. 그러므로 $-9 \leq x \leq 1$이다. 이를 주어진 방정식에 대입하여 정수 y를 구하면 된다. 따라서 주어진 방정식을 만족하는 정수해의 순서쌍

$$(x,y) = (-9, \pm12), \ (-8, 0), \ (-7, 0), \ (-4, \pm12), \ (-1, 0), \ (0, 0), \ (1, \pm12)$$

이다. $\square$

연습문제풀이 3.14 방정식 $x(y+1)^2 = 243y$를 만족하는 정수해의 순서쌍 (x,y)를 모두 구하여라.

풀이 : $\gcd(y, y + 1) = 1$이므로 $(y + 1)^2 \mid 243$이다. 또한, $243 = 3^5$이므로 243의 제곱인 양의 약수는 1, 9, 81뿐이다. 이 때, 가능한 y의 값은 0, -2, 2, -4, 8, -10이다. 이 y값을 $x = \dfrac{243y}{(y + 1)^2}$에 대입하면 0, -486, 54, -108, 24, -30이다. 따라서 구하는 정수해의 순서쌍

$$(x, y) = (0, 0), \ (-486, -2), \ (54, 2), \ (-108, -4), \ (24, 8), \ (-30, -10)$$

이다. $\square$

연습문제풀이 3.15 방정식 $x^2 = 3y^2 + 8$을 만족하는 정수해의 순서쌍 (x, y)를 모두 구하여라.

풀이 : $3y^2 + 8 \equiv 2 \pmod 3$이므로 $x^2 \equiv 2 \pmod 3$이다. 그런데, 이를 만족하는 정수 x가 존재하지 않으므로, 주어진 방정식의 정수해는 존재하지 않는다. $\square$

연습문제풀이 3.16 (KMO, '2010) 두 수 $n^2 + 3m$과 $m^2 + 3n$이 모두 완전제곱수가 되게 하는 양의 정수 m, n에 대하여 mn의 최댓값을 구하여라.

풀이 : $m \leq n$이라고 가정해도 일반성을 잃지 않는다. 그러면

$$n^2 < n^2 + 3m \leq n^2 + 3n < (n + 2)^2$$

이다. 따라서 $n^2 + 3m = (n + 1)^2$이다. 즉, $n = \dfrac{3}{2}m - \dfrac{1}{2}$이다. 또,

$$m^2 < m^2 + 3n = m^2 + \frac{9}{2}m - \frac{3}{2} < (m + 3)^2$$

이다. 그러므로

$$m^2 + \frac{9}{2}m - \frac{3}{2} = (m + 1)^2$$

또는

$$m^2 + \frac{9}{2}m - \frac{3}{2} = (m + 2)^2$$

이다. 이를 풀면 $(m, n) = (1, 1), (11, 16)$이다. 따라서 mn의 최댓값은 176이다. $\square$

제 4 장

종합문제

종합문제 4.1 ★★

음이 아닌 정수 n에 대하여, $n+2$와 n^2+n+1은 모두 세제곱수가 될 수 없음을 보여라.

종합문제 4.2 ★★★

양의 정수 n에 대하여, $3^{2^n}+1 \equiv 2 \pmod 4$임을 보여라.

종합문제 4.3 ★★★─────────────────────────────

1001001001의 약수 중 10000 미만의 가장 큰 수를 구하여라.

종합문제 4.4 ★★★★─────────────────────────────

$\gcd(2002 + 2, 2002^2 + 2, 2002^3 + 2, \cdots)$을 계산하여라.

종합문제 4.5 ★★★———————————————————————

양의 정수 d에 대하여, d가 $4a^2 + 9b^2$과 ab의 최대공약수가 되도록 하는 서로 소인 양의 정수 a, b가 존재한다고 한다. 이러한 d의 개수를 구하여라.

종합문제 4.6 ★★★★———————————————————————

양의 정수 n에 대하여, n이하의 양의 정수 중 n과 서로 소인 것들의 개수를 $\phi(n)$으로 나타낼 때, 방정식 $\phi(n) = \dfrac{n}{3}$을 만족시키는 양의 정수들 중 1000보다 작은 것들은 모두 몇 개인가?

종합문제 4.7 ★★★

2^{1000}을 100으로 나눈 나머지는 얼마인가?

종합문제 4.8 ★★★

정수 $1^{2007}+2^{2007}+\cdots+201^{2007}$을 나누는 자연수들 중 가장 작은 세 자리 자연수를 구하여라.

종합문제 4.9 ★★★★

$p + q = (p - q)^3$을 만족하는 소수 p, q를 모두 구하여라.

종합문제 4.10 ★★★★★

소수 $p_1, p_2, \cdots, p_{31}$이 $p_1 < p_2 < \cdots < p_{31}$을 만족한다고 하자. $30 \mid (p_1^4 + p_2^4 + \cdots + p_{31}^4)$이면, $p_1, p_2, \cdots, p_{31}$ 중 연속된 세 소수가 존재함을 보여라.

종합문제 4.11 ★★★─────────────────────

$\dfrac{2007!}{2007^n}$이 정수가 되는 n의 최댓값을 구하여라.

종합문제 4.12 ★★★★─────────────────────

정수 $10^{6015} - 10^{1203} - 10^{15} + 10^k$이 2005의 배수가 되도록 하는 최소의 양의 정수 k는?

종합문제 4.13 ★★★

p가 소수일 때, 모든 정수 a, b에 대하여 $p \mid (ab^p - ba^p)$임을 증명하여라.

종합문제 4.14 ★★★

p가 7이상의 소수일 때, $\underbrace{11\cdots1}_{p-1개의\ 1}$는 p의 배수임을 증명하여라.

종합문제 4.15 ★★★

p가 5보다 큰 소수일 때, p^8은 240으로 나눈 나머지를 구하여라.

종합문제 4.16 ★★★★

임의의 짝수인 양의 정수 n에 대하여, $(n^2 - 1) \mid (2^{n!} - 1)$가 성립함을 증명하여라.

종합문제 4.17 ★★★

각 자리의 수로 나누어 떨어지는 모든 두 자리 양의 정수들의 합을 구하여라.

종합문제 4.18 ★★★

$(n + 10) \mid (n^3 + 100)$을 만족하는 n의 최댓값을 구하여라.

종합문제 4.19 ★★★★

두 양의 정수 p, q가 모두 소수이고, 그 차가 2일 때, p, q를 쌍둥이 소수라고 한다. $pq + 4$가 소수가 되는 쌍둥이 소수 p, q를 모두 구하여라.

종합문제 4.20 ★★★

n이 홀수이고, a_1, a_2, $\cdots$, a_n은 1에서 n까지의 서로 다른 자연수라 할 때,

$$(a_1 - 1)(a_2 - 2) \cdots (a_n - n)$$

은 짝수임을 증명하여라.

종합문제 4.21 ★★★★★

n이 자연수이고 α가 실수일 때,

$$[\alpha] + \left[\alpha + \frac{1}{n}\right] + \cdots + \left[\alpha + \frac{n-1}{n}\right] = [n\alpha]$$

가 성립함을 증명하여라. 단, $[\alpha]$는 α를 넘지 않는 최대의 정수이다.

종합문제 4.22 ★★★★★

양의 정수 n에 대하여, $p(n)$을 n의 각 자리 숫자들 중 0이 아닌 숫자들의 곱이라고 정의하자. 단, n이 0이 아닌 한 자리 수이면, $p(n) = n$이다.

$$S = p(1) + p(2) + \cdots + p(999)$$

의 가장 큰 소인수를 구하여라.

종합문제 4.23 ★★★★────────────────────────

양의 정수 m, n이

$$\mathrm{lcm}(m, n) + \gcd(m, n) = m + n$$

을 만족할 때, 두 수 중 하나는 다른 수로 나누어 떨어짐을 보여라.

종합문제 4.24 ★★★────────────────────────

$2^{2^n} + 5$가 소수가 될 때, 음이 아닌 정수 n을 모두 구하여라.

종합문제 4.25 ★★★ _____

$3a^2 + a = 4b^2 + b$인 양의 정수 a, b에 대하여, $a - b$가 완전제곱수임을 보여라.

종합문제 4.26 ★★ _____

n이 양의 정수일 때, 방정식 $\dfrac{1}{x} + \dfrac{1}{y} = \dfrac{1}{n}$의 정수해의 개수를 구하여라.

종합문제 4.27 ★★★

n은 5보다 큰 홀수이고, $a - b = n$, $a + b = p_1 p_2 \cdots p_k$($p_i$는 $n^{\frac{1}{2}}$보다 작거나 같은 홀수인 소수이다.)을 만족하는 서로 소인 정수 a, b가 존재하면 n은 소수임을 증명하여라.

종합문제 4.28 ★★★★

양의 정수 m에 대하여, $f(m)$을 $m!$이 3^k으로 나누어 떨어지는 최대의 k로 정의할 때, $m - 2f(m) = 2002$를 만족시키는 최소의 양의 정수 m을 구하여라.

종합문제 4.29 ★★★★

홀수인 양의 정수 n에 대하여

$$\left[\frac{(3+2\sqrt{2})^n - (3-2\sqrt{2})^n}{4}\right]$$

은 완전제곱수임을 증명하여라. 단, $[x]$는 x를 넘지 않는 최대 정수이다.

종합문제 4.30 ★★★★

정수 a, b, c에 대하여,

$$\frac{1}{2}(a+b)(b+c)(c+a) + (a+b+c)^3 = 1 - abc$$

가 성립할 때, 이를 만족하는 정수쌍 (a, b, c)를 모두 구하여라.

종합문제 4.31 ★★★★

다음 방정식의 양의 정수해를 모두 구하여라.

$$1! + 2! + \cdots + x! = y^2.$$

종합문제 4.32 ★★★★

다음 방정식의 정수해를 모두 구하여라.

$$1 + x + x^2 + x^3 = 2^y.$$

종합문제 4.33 ★★★——

다음 합동식은 모든 자연수 m에 대하여 해가 존재함을 보여라.

$$6x^2 + 5x + 1 \equiv 0 \quad (\text{mod } m)$$

종합문제 4.34 ★★★——

다음 방정식을 만족하는 양의 정수해가 존재하지 않음을 보여라.

$$x^2 - y^3 = 7.$$

종합문제 4.35 ★★★★———————————————————————————

모든 양의 정수 n에 대하여 디오판틴 방정식

$$5x^2 - 8xy + 5y^2 - 4n^2 = 0$$

의 해의 개수는 유한개임을 증명하여라.

종합문제 4.36 ★★★★★——————————————————————————

다음의 k의 값이 음이 아닌 정수가 되게 하는 양의 정수쌍 (x, y)를 모두 구하여라.

$$k = \frac{x^3 + y^3 - x^2 y^2}{(x+y)^2}.$$

종합문제 4.37 ★★★★─────────────────────────────

n을 10진법으로 나타낸 양의 정수라 한다. n의 각 자리 수들의 곱이 $n^2 - 10n - 22$인 모든 n을 구하여라.

종합문제 4.38 ★★★★─────────────────────────────

각 자리수에 9를 포함하지 않는 모든 자연수의 역수의 합은 28보다 작음을 보여라.

종합문제 4.39 ★★★

$2^{1992} - 1$은 2^{248}보다 큰 여섯 개의 정수의 곱으로 나타낼 수 있음을 보여라.

종합문제 4.40 ★★★★

$a_0 = 2, b_0 = 3^{a_0}, a_1 = 2^{b_0}, b_1 = 3^{a_1}, \cdots, a_n = 2^{b_{n-1}}, b_n = 3^{a_n}, \cdots$으로 정의된 수열 $\{a_n\}$, $\{b_n\}$에 대하여, $13^{a_n} + 23^{b_n}$은 항상 24의 배수임을 보여라.

종합문제 4.41 ★★_____

$(2 + \sqrt{3})^5$를 넘지 않는 최대의 정수를 구하여라.

종합문제 4.42 ★★★_____

$n^7 - 7$이 19의 배수가 되도록 하는 자연수 n의 최솟값을 구하여라.

종합문제 4.43 ★★★

세 개의 정수에 대하여, 이 수들의 합, 제곱의 합, 세제곱의 합을 각각 A, B, C라고 하자. $9A \geq B + 60$, $C \geq 360$일 때, A, B, C의 값을 구하여라.

종합문제 4.44 ★★★

$1 \leq a < b \leq 100$이고,

$$\left[a + \frac{b}{a}\right] = \left[b + \frac{a}{b}\right]$$

인 자연수의 정수쌍 (a, b)의 개수를 구하여라. 단, $[x]$는 x보다 크지 않은 최대의 정수를 나타낸다.

종합문제 4.45 ★★★———————————————————————

자연수 m에 대하여, m을 나누는 가장 작은 소수를 $p(m)$이라고 하자. $p(m)^4 > m$을 만족시키는 자연수 m이 가질 수 있는 양의 약수의 최대 개수를 구하여라.

종합문제 4.46 ★★★★———————————————————————

방정식 $xy = 2^x - 1$의 정수해를 모두 구하여라.

종합문제 4.47 ★★★★

$p^{2002} + 2003^{p-1} - 1$이 $2003 \times p$의 배수가 되는 소수 p를 모두 구하여라. 단, 2003은 소수이다.

종합문제 4.48 ★★★★

소수 2003에 대하여 $n^{2002} + 2003^{\phi(n)} - 1$이 $2003 \times n$의 배수가 되는 양의 정수 n을 모두 구하여라. 단, $\phi(n)$은 n이하의 양의 정수 중 n과 서로 소인 것들의 개수이다.

종합문제 4.49 ★★★———————————————————————————

정수 n과 소수 p에 대하여 $1 + np$가 완전제곱수라고 할 때, $n + 1$이 p개의 완전제곱수의 합으로 나타낼 수 있음을 보여라.

종합문제 4.50 ★★★———————————————————————————

양의 정수 x를 이진법으로 표현했을 때, 숫자 1이 짝수개 포함되어 있을 때, x를 마법수라고 하자. 예를 들어, 작은 순서대로 5개의 마법수는 3, 5, 6, 9, 10이다. 작은 순서대로 2003개의 마법수의 합을 구하여라.

종합문제 4.51 ★★★————————————————————

$n = 2^{31}3^{19}$이다. n^2의 양의 약수 중 n의 약수가 아니면서, n보다 작은 수는 몇 개인가?

종합문제 4.52 ★★★★————————————————————

양의 정수 a, b에 대하여, $(36a + b)(a + 36b)$는 2의 거듭제곱으로 나타낼 수 없음을 보여라.

종합문제 4.53 ★★★★─────────────────────────

양의 정수 n에 대하여, $p(n)$을 n의 홀수인 양의 약수 중 최댓값으로 정의할 때,

$$p(2006) + p(2007) + \cdots + p(4012)$$

를 구하여라.

종합문제 4.54 ★★★★─────────────────────────

수열 $a_1, a_2, \cdots$ 가 모든 양의 정수 n에 대하여,

$$a_n = 2^n + 3^n + 6^n - 1$$

로 정의되었다고 하자. 수열의 모든 항과 서로 소가 되는 양의 정수를 모두 구하여라.

종합문제 4.55 ★★★★

양의 정수 n에 대하여 수열 a_n이

$$a_n = \sqrt{1 + \left(1 + \frac{1}{n}\right)^2} + \sqrt{1 + \left(1 - \frac{1}{n}\right)^2}$$

와 같이 정의되었을 때, $\dfrac{1}{a_1} + \dfrac{1}{a_2} + \cdots + \dfrac{1}{a_{20}}$이 정수임을 보여라.

종합문제 4.56 ★★★★

$n > 2$인 정수에 대하여, $2^{2^{n+1}} + 2^{2^n} + 1$이 1보다 큰 세 가지 정수의 곱으로 표현할 수 있음을 증명하여라.

종합문제 4.57 ★★★

정수 k에 대하여

$$n = \sqrt[3]{k + \sqrt{k^2 - 1}} + \sqrt[3]{k - \sqrt{k^2 - 1}} + 1$$

이라 하면, $n^3 - 3n^2$이 정수임을 증명하여라.

종합문제 4.58 ★★★★

방정식 $x^2 - 2y^2 = 1$의 정수해가 무한히 많이 존재함을 보여라.

종합문제 4.59 ★★★★★

자연수 n에 대하여 $p = 4^n + 1$이라 한다. p가 $3^{2 \cdot 4^{n-1}} + 1$의 약수이면 p는 소수임을 보여라.

종합문제 4.60 ★★

임의의 자연수 n에 대하여, 두 수 $n! + 1$과 $(n+1)! + 1$은 서로 소임을 증명하여라. 단, $n! = 1 \times 2 \times \cdots \times n$이다.

종합문제 4.61 ★★

$[(2+\sqrt{3})^6]$의 값을 구하여라. 단, 실수 x에 대하여 $[x]$는 x를 넘지 않는 최대의 정수이다.

종합문제 4.62 ★★★

$n!+5$가 세 제곱수일 때, 이를 만족하는 양의 정수 n들의 합을 구하여라.

종합문제 4.63 ★★★★─────────────────────────────

연립방정식 $2xz = y^2$, $x + z = 2011$을 만족하는 모든 정수해의 순서쌍 (x, y, z)를 구하여라.

종합문제 4.64 ★★★─────────────────────────────

n이 $5 \nmid n$인 양의 홀수일 때, n의 배수 중에는 모든 자리 숫자가 1인 것들이 무한히 많이 있음을 증명하여라.

종합문제 4.65 ★★★★

$a_1 = 2$, $a_{n+1} = a_n^2 - a_n + 1$을 만족하는 수열 a_n에 대하여, $m > n$일 때, $\gcd(a_m, a_n) = 1$임을 증명하여라.

종합문제 4.66 ★★★

$x_1^4 + x_2^4 + \cdots + x_{14}^4 = 2015$을 만족하는 정수해를 모두 구하여라.

종합문제 4.67 ★★★———————————————————————

수열 a_n이 $a_0 = 24$, $a_1 = 60$, $a_2 = 102$이고,

$$a_{n+3} = \operatorname{lcm}(a_{n+2}, a_{n+1}, a_n) + \operatorname{lcm}(a_{n+1}, a_n) + a_n$$

로 정의될 때, $\gcd(a_{2010}, a_{2009}, a_{2008})$를 구하여라.

종합문제 4.68 ★★———————————————————————

방정식 $x^3 + y^3 = 2011$을 만족하는 정수해의 순서쌍 (x, y)를 모두 구하여라.

종합문제 4.69 ★★★★★

양의 정수 n을 3으로 나눈 나머지가 2일 때, n의 모든 양의 약수의 합이 3의 배수임을 증명하여라.

종합문제 4.70 ★★★★

$p^q + q^p$이 소수가 되게 하는 소수의 순서쌍 (p, q)를 모두 구하여라.

종합문제 4.71 ★★★

$7^{7^{7^{7^{\cdot^{\cdot^{\cdot^{7}}}}}}}$ 을 10으로 나눈 나머지를 구하여라.

7이 1001개

종합문제 4.72 ★★★★

1보다 큰 홀수 n에 대하여, $n \nmid (3^n + 1)$임을 증명하여라.

종합문제 4.73 ★★★★★ _____

$2009^{2008^{2007}}$ 을 1000으로 나눈 나머지를 구하여라.

종합문제 4.74 ★★★★★ _____

양의 정수 2 또는 3으로 이루어진 수열 $a_1, a_2, \cdots, a_{2007}$에 대하여, 정수열 $x_1, x_2, \cdots, x_{2007}$ 이 다음 조건을 만족시킨다고 하자.

  (i) 각각의 $i = 1, 2, \cdots, 2005$에 대하여 $a_i x_i + x_{i+2}$가 5의 배수이고,

  (ii) $a_{2006} x_{2006} + x_1$과 $a_{2007} x_{2007} + x_2$도 5의 배수이다.

이 때, $x_1, x_2, \cdots, x_{2007}$이 모두 5의 배수임을 보여라.

종합문제 4.75 ★★★★─────────────────────────

n이 양의 정수일 때, 서로 소인 양의 정수 a, b에 대하여, $a + b$와 $a^n + b^n$의 최대공약수를 구하여라.

종합문제 4.76 ★★★─────────────────────────

5보다 큰 소수 p에 대하여, $p - 4$는 어떤 정수의 네 제곱이 될 수 없음을 증명하여라.

종합문제 4.77 ★★

양의 정수 n에 대하여, $\gcd(n! + 1, (n+1)! + 1)$을 구하여라.

종합문제 4.78 ★★★

다음 식

$$7x^2 + 2 = y^3$$

을 만족하는 정수 x, y가 없음을 보여라.

종합문제 4.79 ★★★★

$p^2 + 11$이 6개의 양의 약수를 가질 때, 이를 만족하는 소수 p를 모두 구하여라.

종합문제 4.80 ★★★★

실수 r에 대하여,

$$\left[r + \frac{19}{100} \right] + \left[r + \frac{20}{100} \right] + \cdots + \left[r + \frac{91}{100} \right] = 546$$

을 만족할 때, $[100r]$을 구하여라. 단, $[x]$는 x를 넘지 않는 최대의 정수이다.

종합문제 4.81 ★★★

임의의 소수 p에 대하여, $p \mid (2^n - n)$를 만족하는 양의 정수 n이 무수히 많음을 증명하여라.

종합문제 4.82 ★★★★

x, y에 관한 방정식 $y^2 = 2029x^5 + 24$는 정수해를 갖지 않음을 보여라.

종합문제 4.83 ★★★───────────────────────

다음 수를 7로 나눈 나머지를 구하여라.

$$10^{10} + 10^{10^2} + 10^{10^3} + \cdots + 10^{10^{2009}}$$

종합문제 4.84 ★★───────────────────────

1보다 큰 자연수 n이 $2^n - 2 \equiv 0 \pmod{n}$을 만족할 때, n을 유사소수(pseudo-prime number) 라고 한다. 만약 n이 유사소수이면, $2^n - 1$도 유사소수임을 증명하여라.

종합문제 4.85 ★★★★

n은 3이상의 임의의 정수이다. 적당한 정수 x가 존재하여 $x^2 - k$가 2^n으로 나누어 떨어지는 홀수 k를 모두 구하여라.

종합문제 4.86 ★★★★

$a_1, a_2, \cdots, a_{2008}$이 정수이고, $a_1 = a_{2008}$일 때,

$$(a_1 - a_2) + (a_2 - a_3)^2 + \cdots + (a_{2007} - a_{2008})^{2007}$$

이 짝수임을 증명하여라.

종합문제 풀이

종합문제풀이 4.1 음이 아닌 정수 n에 대하여, $n+2$와 n^2+n+1은 모두 세제곱수가 될 수 없음을 보여라.

풀이 : $n+2$와 n^2+n+1이 모두 세제곱수라고 하자. 그러면 $(n+2)(n^2+n+1)$도 세제곱수여야 한다. 그런데,

$$(n+2)(n^2+n+1) = n^3 + 3n^2 + 3n + 2 = (n+1)^3 + 1$$

이다. 두 양의 세제곱수의 차는 1이 될 수 없으므로 모순이다.

따라서 음이 아닌 정수 n에 대하여, $n+2$와 n^2+n+1은 모두 세제곱수가 될 수 없다.   □

종합문제풀이 4.2 양의 정수 n에 대하여, $3^{2^n} + 1 \equiv 2 \pmod 4$임을 보여라.

풀이 : 3^{2^n}은 홀수이고, $3^{2^n}+1$은 짝수이다. 또한, $3^{2^n} = (3^2)^{2^{n-1}} = 9^{2^{n-1}} = (8+1)^{2^{n-1}}$이다. 이항정리에 의하여, 3^{2^n}을 8로 나누면 나머지가 1임을 쉽게 알 수 있다. 또한, 3^{2^n}를 4로 나누어도 나머지가 1이다. 따라서 $3^{2^n}+1$를 4로 나눈 나머지는 2이다.   □

종합문제풀이 4.3 (ARML, '2003) 1001001001의 약수 중 10000 미만의 가장 큰 수를 구하여라.

풀이 :

$$1001001001 = 1001 \cdot 10^6 + 1001 = 1001 \cdot (10^6 + 1) = 7 \cdot 11 \cdot 13 \cdot (10^6 + 1)$$

이고, 인수분해 공식에 의하여, $x^6 + 1 = (x^2)^3 + 1 = (x^2 + 1)(x^4 - x^2 + 1)$이 된다. 그러므로 $10^6 + 1 = 101 \cdot 9901$이다. 즉, $1001001001 = 7 \cdot 11 \cdot 13 \cdot 101 \cdot 9901$이다. 따라서 7, 11, 13, 101, 9901로 10000이하의 약수 중 가장 큰 수를 만들면 9901이 가장 큼을 알 수 있다. 즉, 구하는 답은 9901이다. □

종합문제풀이 4.4 (HMMT, '2002) $\gcd(2002 + 2, 2002^2 + 2, 2002^3 + 2, \cdots)$을 계산하여라.

풀이 : g를 구하는 최대공약수라고 하자. $2002^2 + 2 = 2002(2000 + 2) + 2 = 2000(2002 + 2) + 6$이다. 유클리드 호제법에 의하여,

$$\gcd(2002 + 2, 2002^2 + 2) = \gcd(2004, 6) = 6$$

이다. 즉, $g \mid \gcd(2002 + 2, 2002^2 + 2) = 6$이다. 그런데, $2002 + 2, 2002^2 + 2, 2002^3 + 2, \cdots$는 모두 2의 배수이다. 더욱이, $2002 = 3 \cdot 667 + 1$이므로, 모든 정수 k에 대하여, $2002^k \equiv 1 \pmod 3$이다. 그러므로 $2002^k + 2 \equiv 0 \pmod 3$이다. 즉, $2002^k + 2$는 6의 배수이다. 따라서 $\gcd(2002 + 2, 2002^2 + 2, 2002^3 + 2, \cdots) = 6$이다. 즉, $g = 6$이다. □

종합문제풀이 4.5 (KMO, '2005) 양의 정수 d에 대하여, d가 $4a^2 + 9b^2$과 ab의 최대공약수가 되도록 하는 서로 소인 양의 정수 a, b가 존재한다고 한다. 이러한 d의 개수를 구하여라.

풀이 : d가 최대공약수이므로 ab의 약수이다. a, b가 서로 소이고, $4a^2 + 9b^2$은 ab의 약수를 인수로 가져야 하므로 a는 9의 약수, b는 4의 약수가 올 수 있다. 가능한 모든 경우의 d를 구해야 하므로 두 가지를 한꺼번에 만족하는 경우는 d는 36의 양의 약수여야 한다. 따라서 $36 = 2^2 \cdot 3^2$이므로, d의 개수는 9개다. □

종합문제풀이 4.6 (KMO, '2007) 양의 정수 n에 대하여, n이하의 양의 정수 중 n과 서로

소인 것들의 개수를 $\phi(n)$으로 나타낼 때, 방정식 $\phi(n) = \dfrac{n}{3}$을 만족시키는 양의 정수들 중 1000보다 작은 것들은 모두 몇 개인가?

풀이 : n의 소인수가 $p_1, p_2, \cdots, p_k$(단, $p_1 < p_2 < \cdots < p_k$)라고 하면,

$$\phi(n) = n \times \left(1 - \frac{1}{p_1}\right) \times \left(1 - \frac{1}{p_2}\right) \times \cdots \times \left(1 - \frac{1}{p_k}\right) = \frac{n}{3}$$

이다. 즉, $\left(1 - \dfrac{1}{p_1}\right) \times \left(1 - \dfrac{1}{p_2}\right) \times \cdots \times \left(1 - \dfrac{1}{p_k}\right) = \dfrac{1}{3}$이다.

위 식을 만족하는 경우는 $p_1 = 2$, $p_2 = 3$일 때 뿐이다. 따라서 $n = 2^\alpha \cdot 3^\beta$꼴인 1000이하의 양의 정수이다. (단, α, β는 자연수이다.) 다음과 같은 경우로 나누어 살펴보자.

(i) $\beta = 1$일 때, $\alpha = 1, \cdots, 8$이 가능하므로 8개다.

(ii) $\beta = 2$일 때, $\alpha = 1, \cdots, 6$이 가능하므로 6개다.

(iii) $\beta = 3$일 때, $\alpha = 1, \cdots, 5$가 가능하므로 5개다.

(iv) $\beta = 4$일 때, $\alpha = 1, \cdots, 3$이 가능하므로 3개다.

(v) $\beta = 5$일 때, $\alpha = 1, 2$가 가능하므로 2개다.

따라서 주어진 조건을 만족하는 양의 정수는 모두 24개다. □

종합문제풀이 4.7 (KMO, '2003) 2^{1000}을 100으로 나눈 나머지는 얼마인가?

풀이 : $\phi(25) = 20$이므로, 오일러의 정리에 의하여, $2^{20} \equiv 1 \pmod{25}$이다. 즉, $2^{1000} \equiv 1 \pmod{25}$이다. 그러므로 2^{1000}을 100으로 나눈 나머지는 1, 26, 51, 76 중 하나이다. 그런데, 2^{1000}이 4의 배수이므로 나머지는 76만 가능하다. □

종합문제풀이 4.8 (KMO, '2007) 정수 $1^{2007} + 2^{2007} + \cdots + 201^{2007}$을 나누는 자연수들 중 가장 작은 세 자리 자연수를 구하여라.

풀이 : 2007이 홀수이므로, 양의 정수 a, b에 대하여 $(a+b) \mid (a^{2007}+b^{2007})$을 만족한다. 그러므로 $(1+201) \mid (1^{2007}+201^{2007})$, $\cdots$, $(100+102) \mid (100^{2007}+102^{2007})$이 되어 모두 202의 배수이다. 또, 남은 한 항 101^{2007}은 101의 배수이다. 따라서 $1^{2007}+2^{2007}+\cdots+201^{2007}$은 101로 나누어 떨어진다. 구하는 답은 101이다. □

종합문제풀이 4.9 (RMO, '2001) $p+q=(p-q)^3$을 만족하는 소수 p, q를 모두 구하여라.

풀이 : $(p-q)^3 = p+q \neq 0$이므로, p와 q가 서로 다르므로, p, q는 서로 소이다. $p-q \equiv 2p \pmod{p+q}$이므로 주어진 방정식은 법 $p+q$에 대하여 $0 \equiv 8p^3 \pmod{p+q}$가 성립한다. 그런데, p와 q는 서로 소이므로, p와 $p+q$도 서로 소이다. 따라서 $0 \equiv 8 \pmod{p+q}$이다. 즉, $(p+q) \mid 8$이다. 비슷하게, $p+q \equiv 2p \pmod{p-q}$이므로 주어진 방정식은 법 $p-q$에 대하여 $2p \equiv 0 \pmod{p-q}$가 성립한다. 그런데, p와 q는 서로 소이므로, p와 $p-q$도 서로 소이다. 따라서 $2 \equiv 0 \pmod{p-q}$이다. 즉, $(p-q) \mid 2$이다.

그러므로 $(p, q) = (3, 5)$, $(5, 3)$이다. 그런데, $(p, q) = (3, 5)$는 주어진 조건을 만족하지 않는다. 따라서 주어진 방정식의 해는 $(p, q) = (5, 3)$뿐이다. □

종합문제풀이 4.10 (RoMO, '2003) 소수 p_1, p_2, $\cdots$, p_{31}이 $p_1 < p_2 < \cdots < p_{31}$을 만족한다고 하자. $30 \mid (p_1^4 + p_2^4 + \cdots + p_{31}^4)$이면, p_1, p_2, $\cdots$, p_{31} 중 연속된 세 소수가 존재함을 보여라.

풀이 : $s = p_1^4 + p_2^4 + \cdots + p_{31}^4$라고 놓자. $p_i(i = 1,\ 2,\ \cdots,\ 31)$이 모두 홀수인 소수이면 s는 홀수가 되므로, s가 30의 배수에 모순된다. 따라서 짝수인 소수는 2뿐이므로, $p_1 = 2$이다. 이제, $p_2 \neq 3$이라고 하면, 모든 $i = 1,\ 2,\ \cdots,\ 31$에 대하여 $p_i^4 \equiv 1 \pmod 3$이므로, $s \equiv 31 \equiv 1 \pmod 3$이 되어 모순이 된다. 따라서 $p_2 = 3$이다. 마지막으로, $p_3 \neq 5$라고 하자. 그러면 모든 $i = 1,\ 2,\ \cdots,\ 31$에 대하여

$$p_i^2 \equiv \pm 1 \pmod 5 \quad \text{이고} \quad p_i^4 \equiv 1 \pmod 5$$

이다. 즉, $s \equiv 31 \equiv 1 \pmod 5$이 되어 모순이 된다. 따라서 $p_3 = 5$이다. 그러므로 2, 3, 5라는 연속된 세 소수가 존재한다. □

종합문제풀이 4.11 (HMMT, '2007) $\dfrac{2007!}{2007^n}$이 정수가 되는 n의 최댓값을 구하여라.

풀이 : $2007 = 3^2 \cdot 223$이므로, 3^2와 223의 지수를 구하면 된다. 그런데, $9 < 223$이므로 223-지수 $e = \left[\dfrac{2007}{223}\right] = 9$이다. n의 최댓값은 9이다. □

종합문제풀이 4.12 (KMO, '2005) 정수 $10^{6015} - 10^{1203} - 10^{15} + 10^k$이 2005의 배수가 되도록 하는 최소의 양의 정수 k는?

풀이 : $10^{6015} - 10^{1203} - 10^{15} + 10^k$이 $2005 = 401 \times 5$의 배수인데, 5의 배수가 되기 위해서 $k \geq 1$이다. 401이 소수이므로 페르마 작은 정리에 의하면, $10^{400} \equiv 1 \pmod{401}$이다. 이것을 이용하면 $10^{6015} \equiv 10^{15} \pmod{401}$, $10^{1203} \equiv 10^3 \pmod{401}$이다. 그러므로 $10^{6015} - 10^{1203} - 10^{15} + 10^k \equiv 10^k - 10^3 \pmod{401}$이다. 따라서 k의 최솟값은 3이다. □

종합문제풀이 4.13 p가 소수일 때, 모든 정수 a, b에 대하여 $p \mid (ab^p - ba^p)$임을 증명하여라.

풀이 : $ab^p - ba^p = ab(b^{p-1} - a^{p-1})$로부터 $p \mid ab$이면, $p \mid (ab^p - ba^p)$이다. 또, $p \nmid ab$이면 $\gcd(p, a) = \gcd(p, b) = 1$이 되어 페르마의 작은 정리에 의하여 $b^{p-1} \equiv a^{p-1} \equiv 1 \pmod p$이다. 그러므로 $p \mid (b^{p-1} - a^{p-1})$이다. 즉, $p \mid (ab^p - ba^p)$이다. 따라서 모든 소수 p에 대하여, $p \mid (ab^p - ba^p)$이다. □

종합문제풀이 4.14 p가 7이상의 소수일 때, $\underbrace{11\cdots1}_{p-1\text{개의 } 1}$는 p의 배수임을 증명하여라.

풀이 :

$$\underbrace{11\cdots1}_{p-1\text{개의 }1} = \frac{10^{p-1}-1}{9}$$

이고, $\gcd(10, p) = 1$이므로, 페르마의 작은 정리에 의하여 $10^{p-1} \equiv 1 \pmod{p}$이다. 따라서 $\underbrace{11\cdots1}_{p-1\text{개의 }1}$은 p의 배수이다. $\square$

종합문제풀이 4.15 p가 5보다 큰 소수일 때, p^8은 240으로 나눈 나머지를 구하여라.

풀이 : $240 = 2^4 \cdot 3 \cdot 5$이므로, 페르마의 작은 정리에 의하여, $p^2 \equiv 1 \pmod 3$이고, $p^4 \equiv 1 \pmod 5$이다. $\phi(2^4) = 8$이므로 오일러의 정리에 의하여, $p^8 \equiv 1 \pmod 8$이다. 따라서 $p^8 \equiv 1 \pmod 3$, $p^8 \equiv 1 \pmod 5$, $p^8 \equiv 1 \pmod{16}$이다. 즉, p^8을 240으로 나눈 나머지는 1이다. $\square$

종합문제풀이 4.16 임의의 짝수인 양의 정수 n에 대하여, $(n^2 - 1) \mid (2^{n!} - 1)$가 성립함을 증명하여라.

풀이 : $m = n+1$라고 놓자. 그러면 $m(m-2) \mid (2^{(m-1)!} - 1)$임을 보이면 된다. $\phi(m) \mid (m-1)!$이므로 $(2^{\phi(m)} - 1) \mid (2^{(m-1)!} - 1)$이다. 오일러의 정리에 의하여, $2^{\phi(m)} \equiv 1 \pmod m$이다. 즉, $m \mid (2^{\phi(m)} - 1)$이다. 그러므로 $m \mid (2^{(m-1)!} - 1)$이다. 같은 방법으로 $(m-2) \mid (2^{(m-1)!} - 1)$이다. m이 홀수이므로 $\gcd(m, m-2) = 1$이다. 따라서 $m(m-2) \mid (2^{(m-1)!} - 1)$이다. 즉, 임의의 짝수인 양의 정수 n에 대하여 $(n^2 - 1) \mid (2^{n!} - 1)$이다. $\square$

종합문제풀이 4.17 (AIME, '2001) 각 자리의 수로 나누어 떨어지는 모든 두 자리 양의 정수들의 합을 구하여라.

풀이 : $\overline{ab}$를 주어진 조건을 만족하는 두 자리 정수라고 하자. 그러면 $a \mid (10a+b)$, $b \mid (10a+b)$

이다. 즉, $a \mid b$, $b \mid 10a$이어야 한다. 적당한 정수 k에 대하여, $b = ak$라고 하면, k는 1, 2, 5 중 하나이어야 한다. 따라서 주어진 조건을 만족하는 두 자리 수는

$$11, \quad 22, \quad \cdots, \quad 99, \quad 12, \quad 24, \quad 36, \quad 48, \quad 15$$

이다. 구하는 답은 630이다. $\square$

종합문제풀이 4.18 (AIME, '1986) $(n+10) \mid (n^3+100)$을 만족하는 n의 최댓값을 구하여라.

풀이 : 나눗셈 정리에 의하여, $n^3 + 100 = (n + 10)(n^2 - 10n + 100) - 900$이다. 따라서 $(n + 10) \mid (n^3 + 100)$이 성립하려면, $(n + 10) \mid 900$이 성립하여야 한다. 900의 가장 큰 약수는 900이므로 $n + 10 = 900$일때, n이 최댓값을 갖는다. 즉, $n = 890$이다. $\square$

종합문제풀이 4.19 (KMO, '1987) 두 양의 정수 p, q가 모두 소수이고, 그 차가 2일 때, p, q를 쌍둥이 소수라고 한다. $pq + 4$가 소수가 되는 쌍둥이 소수 p, q를 모두 구하여라.

풀이 : 5이상의 소수는 $6k - 1$, $6k + 1$(k는 자연수)의 꼴이다. 따라서 p, q가 쌍둥이 소수이므로 $p = 6k - 1$, $q = 6k + 1$로 놓을 수 있다. 그러면

$$pq + 4 = 36k^2 + 3 = 3(12k^2 + 1)$$

이 되어 소수가 아니다. 따라서 p, q는 5이하의 소수이다.

이제 $(p, q) = (3, 5)$에 대하여 살펴보면, $pq + 4$가 소수가 됨을 쉽게 확인할 수 있다. 따라서 주어진 조건을 만족하는 쌍둥이 소수는 3, 5뿐이다. $\square$

종합문제풀이 4.20 (KMO, '1998) n이 홀수이고, $a_1, a_2, \cdots, a_n$은 1에서 n까지의 서로 다른 자연수라 할 때,

$$(a_1 - 1)(a_2 - 2) \cdots (a_n - n)$$

은 짝수임을 증명하여라.

풀이 : n은 홀수이므로 1에서 n까지의 짝수는 $\dfrac{n-1}{2}$개, 홀수는 $\dfrac{n+1}{2} = \dfrac{n-1}{2} + 1$개이다. $a_i - i$가 홀수가 되는 것은 a_i와 i 중 하나는 짝수, 하나는 홀수이다. 이러한 짝은 최대 $2 \times \dfrac{n-1}{2} = n - 1$개이고, 이 때 나머지 한 짝은 홀수와 홀수이며, 이들의 차는 짝수이다. 따라서 $a_i - i$ 중 적어도 하나는 짝수이다. 따라서 $(a_1 - 1)(a_2 - 2) \cdots (a_n - n)$는 짝수이다. □

종합문제풀이 4.21 (KMO, '1998) n이 자연수이고 α가 실수일 때,

$$[\alpha] + \left[\alpha + \frac{1}{n}\right] + \cdots + \left[\alpha + \frac{n-1}{n}\right] = [n\alpha]$$

가 성립함을 증명하여라. 단, $[\alpha]$는 α를 넘지 않는 최대의 정수이다.

풀이 : m을 정수라 하고, $m \le \alpha < m + 1$, 즉 $[\alpha] = m$라 하자. 구간 $m \le \alpha < m + 1$을 n 등분하여 α가 다음과 같은 소구간에 있을 때를 생각한다.

$$m + \frac{k}{n} \le \alpha < m + \frac{k+1}{n}, \quad k = 0, 1, \cdots, n - 1 \tag{1}$$

$m + \frac{k+i}{n} \le \alpha + \frac{i}{n} < m + \frac{k+i+1}{n}$이므로, $k + i < n$, 즉 $0 \le i < n - k$이면 $\left[\alpha + \dfrac{i}{n}\right] = m$이다. $k + i \ge n$, 즉 $n - k \le i \le n - 1$이면 $\left[\alpha + \dfrac{i}{n}\right] = m + 1$이다.

따라서

$$\sum_{i=0}^{n-1} \left[\alpha + \frac{i}{n}\right] = \sum_{i=0}^{n-k-1} \left[\alpha + \frac{i}{n}\right] + \sum_{i=n-k}^{n-1} \left[\alpha + \frac{i}{n}\right]$$
$$= (n-k)m + k(m+1) \quad (n-k, k는 각 항의 계수)$$
$$= nm + k \tag{2}$$

한편 식 (1)에서, $nm + k \le n\alpha < nm + k + 1$이므로

$$[n\alpha] = nm + k \tag{3}$$

이다. 따라서 식 (2)와 (3)에 의하여, $k = 0,\, 1,\, 2,\, \cdots,\, n-1$인 모든 k에 대하여

$$[\alpha] + \left[\alpha + \frac{1}{n}\right] + \cdots + \left[\alpha + \frac{n-1}{n}\right] = \sum_{i=0}^{n-1} \left[\alpha + \frac{i}{n}\right] = [n\alpha]$$

이 성립한다.

종합문제풀이 4.22 (AIME. '1984) 양의 정수 n에 대하여, $p(n)$을 n의 각 자리 숫자들 중 0이 아닌 숫자들의 곱이라고 정의하자. 단, n이 0이 아닌 한 자리 수이면, $p(n) = n$이다.

$$S = p(1) + p(2) + \cdots + p(999)$$

의 가장 큰 소인수를 구하여라.

풀이 : $1 + 1 + 2 + 3 + \cdots + 9 = s$라고 하자. 그러면

$$p(1) + p(2) + \cdots + p(9) = 1 + 2 + \cdots + 9 = s - 1$$
$$p(10) + p(11) + p(12) + \cdots + p(19) = 1 + 1 + 2 + \cdots + 9 = s$$
$$p(20) + p(21) + p(22) + \cdots + p(29) = 2(1 + 1 + 2 + \cdots + 9) = 2s$$
$$\vdots$$
$$p(90) + p(91) + p(92) + \cdots + p(99) = 9(1 + 1 + 2 + \cdots + 9) = 9s$$

이고, 위 식을 변변 더하면

$$p(1) + p(2) + \cdots + p(99) = s + s + 2s + \cdots + 9s - 1$$
$$= s(1 + 1 + 2 + \cdots + 9) - 1$$
$$= s^2 - 1$$

이다. 또한,

$$p(100) + p(101) + p(102) + \cdots + p(199) = s^2$$

$$p(200) + p(201) + p(202) + \cdots + p(299) = 2s^2$$

$$\vdots$$

$$p(900) + p(901) + p(902) + \cdots + p(999) = 9s^2$$

이다. 따라서

$$S = p(1) + p(2) + \cdots + p(999)$$

$$= s^2 - 1 + s^2 + 2s^2 + \cdots + 9s^2$$

$$= s^2(1 + 1 + 2 + \cdots + 9) - 1$$

$$= s^3 - 1$$

$$= (s - 1)(s^2 + s + 1)$$

$$= (46 - 1)(46^2 + 46 + 1)$$

$$= 3^3 \cdot 5 \cdot 7 \cdot 103$$

이다. 따라서 S의 가장 큰 소인수는 103이다. $\quad\square$

종합문제풀이 4.23 (RMO, '1995) 양의 정수 m, n이

$$\operatorname{lcm}(m, n) + \gcd(m, n) = m + n$$

을 만족할 때, 두 수 중 하나는 다른 수로 나누어 떨어짐을 보여라.

풀이 : $d = \gcd(m, n)$이라고 하면, $m = da, n = db$를 만족하는 서로 소인 양의 정수 a, b가 존재한다. 또한, $\operatorname{lcm}(m, n) = abd$이다. 이를 주어진 식에 대입하면

$$abd + d = da + db, \qquad ab + 1 = a + b$$

이다. 위 식의 우변을 좌변으로 이항하여 인수분해하면

$$(a-1)(b-1) = 0$$

이다. 그러므로 $a = 1$ 또는 $b = 1$이다. 즉, $m = d, n = bd = bm$ 또는 $n = d, m = ad = an$ 이다. 따라서 두 수 중 하나는 다른 수로 나누어 떨어진다.　□

종합문제풀이 4.24 (KMO, '1993) $2^{2^n} + 5$가 소수가 될 때, 음이 아닌 정수 n을 모두 구하여라.

풀이 : $n = 0$이면, $2^{2^0} + 5 = 7$이므로 소수이다.

$n \geq 1$이면, $2^{2^n} + 5 > 3$이고,

$$2^{2^n} + 5 \equiv (2^2)^{2^{n-1}} + 5 \equiv 4^{2^{n-1}} + 5 \equiv 1^{2^{n-1}} + 2 \equiv 0 \pmod 3$$

이므로, $2^{2^n} + 5$는 3으로 나누어진다. 즉, $2^{2^n} + 5$는 합성수이다. 따라서 $n = 0$만 가능하다.
□

종합문제풀이 4.25 $3a^2 + a = 4b^2 + b$인 양의 정수 a, b에 대하여, $a - b$가 완전제곱수임을 보여라.

풀이 : 주어진 조건식을 변형하면,

$$b^2 = 3a^2 - 3b^2 + a - b = (a - b)(3a + 3b + 1)$$

이다. 이 때, $a - b$와 $3a + 3b + 1$의 최대공약수를 d라 하자. 그러면 $d \mid (a - b)$이고, $d \mid (3a + 3b + 1)$ 이므로, $d \mid b$이고, $d \mid a$이다. 그래서, $d \mid 1$이 되어, $d = 1$이다. 따라서 $a - b$와 $3a + 3b + 1$은 서로 소이다. 즉, 둘 다 모두 완전제곱수이다.　□

종합문제풀이 4.26 n이 양의 정수일 때, 방정식 $\dfrac{1}{x} + \dfrac{1}{y} = \dfrac{1}{n}$의 양의 정수해의 개수를 구하여라.

풀이 : 주어진 식을 변형하면,

$$\frac{1}{x} + \frac{1}{y} = \frac{1}{n} \iff xy = nx + ny \iff (x-n)(y-n) = n^2$$

이다. $n = 1$이면, 주어진 방정식의 해는 $(x, y) = (2, 2)$뿐임을 알 수 있다.

2이상의 n에 대하여, n은 $p_1^{e_1} p_2^{e_2} \cdots p_k^{e_k}$으로 소인수분해된다고 하자. $x, y > n$이므로, 주어진 방정식의 양의 정수해 (x, y)와 n^2의 인수는 일대일 대응이 된다. 따라서 해의 개수는 $\tau(n^2) = (2e_1 + 1)(2e_2 + 1) \cdots (2e_k + 1)$개이다. $\square$

종합문제풀이 4.27 n은 5보다 큰 홀수이고, $a - b = n$, $a + b = p_1 p_2 \cdots p_k$($p_i$는 $n^{\frac{1}{2}}$보다 작거나 같은 홀수인 소수이다.)을 만족하는 서로 소인 정수 a, b가 존재하면 n은 소수임을 증명하여라.

풀이 : 만약 n이 합성수이면 n은 $p_1, p_2, \cdots, p_k$ 중에서 약수를 갖는다. 왜냐하면 n이 합성수이면 $n^{\frac{1}{2}}$보다 작거나 같은 약수를 갖기 때문이다. 즉, n도 홀수인 소수 $p_i (i = 1, 2, \cdots, k)$를 약수로 갖는다. 따라서 $2a = n + p_1 p_2 \cdots p_k$, $2b = p_1 p_2 \cdots p_k - n$에서 n이 p_i를 약수로 가지므로 a, b도 p_i를 약수로 갖는다. 즉, n은 소수이다. 이것은 a와 b는 서로 소가 아니므로 모순이다. $\square$

종합문제풀이 4.28 양의 정수 m에 대하여, $f(m)$을 $m!$이 3^k으로 나누어 떨어지는 최대의 k로 정의할 때, $m - 2f(m) = 2002$를 만족시키는 최소의 양의 정수 m을 구하여라.

풀이 :

$$m = a_n 3^n + a_{n-1} 3^{n-1} + \cdots + a_1 3 + a_0 = \sum_{k=0}^{n} a_k 3^k$$

라고 놓자. 단, a_k는 $0, 1, 2$ 중 하나의 값을 갖고, $k = 0, 1, 2, \cdots, n$이다.

$$f(m) = \sum_{k=1}^{n} \left[\frac{m}{3^k}\right] = \frac{1}{2}\sum_{k=1}^{n} a_k(3^k - 1)$$

이다. 따라서

$$m - 2f(m) = \sum_{k=0}^{n} a_k = 2002$$

이다. 그러므로 최소의 m은 $m = 2 \cdot 3^{1000} + 2 \cdot 3^{999} + \cdots + 2 \cdot 3 + 2 = 3^{1001} - 1$이다.   □

종합문제풀이 4.29 홀수인 양의 정수 n에 대하여

$$\left[\frac{(3 + 2\sqrt{2})^n - (3 - 2\sqrt{2})^n}{4}\right]$$

은 완전제곱수임을 증명하여라. 단, $[x]$는 x를 넘지 않는 최대 정수이다.

풀이 : $(1 + \sqrt{2})^n = a_n + b_n\sqrt{2}$(단, a_n, b_n은 양의 정수)라 두면, $(1 - \sqrt{2})^n = a_n - b_n\sqrt{2}$이므로,

$$\frac{(3 + 2\sqrt{2})^n - (3 - 2\sqrt{2})^n}{4} = \sqrt{2}a_n b_n$$

이다. 한편, $2b_n^2 = a_n^2 + 1$이므로, $2(a_n b_n)^2 = a_n^4 + a_n^2$이다.

따라서 $a_n^4 < 2(a_n b_n)^2 < (a_n^2 + 1)^2$이다. 그러므로

$$a_n^2 < \sqrt{2}a_n b_n < a_n^2 + 1$$

이다. 즉, $\left[\dfrac{(3 + 2\sqrt{2})^n - (3 - 2\sqrt{2})^n}{4}\right] = a_n^2$이다.   □

종합문제풀이 4.30 정수 a, b, c에 대하여,

$$\frac{1}{2}(a + b)(b + c)(c + a) + (a + b + c)^3 = 1 - abc$$

가 성립할 때, 이를 만족하는 정수쌍 (a, b, c)를 모두 구하여라.

풀이 : 주어진 식을 변형하면,

$$2(a+b+c)^3 + (a+b)(b+c)(c+a) + 2abc = 2$$

이다. 이 식은

$$(a+b+c+a)(a+b+c+b)(a+b+c+c) = 2$$

으로 변형이 가능하다. $a \geq b \geq c$라고 놓아도 일반성을 잃지 않는다. 그러면

$$(2a+b+c, a+2b+c, a+b+2c) = (2,1,1),\ \ (2,-1,-1),\ \ (1,-1,-2)$$

이다. 이를 계산하면,

$$(a,b,c) = (1,0,0),\ \ (2,-1,-1)$$

이다. 그런데, a, b, c의 대소관계가 바뀔 수 있으므로, 구하는 정수쌍은

$$(a,b,c) = (1,0,0),\ \ (2,-1,-1),\ \ (0,1,0),\ \ (-1,2,-1),\ \ (0,0,1),\ \ (-1,-1,2)$$

이다.　□

종합문제풀이 4.31 다음 방정식의 양의 정수해를 모두 구하여라.

$$1! + 2! + \cdots + x! = y^2.$$

풀이 :

(i) $x = 1$일 때, $y = 1$이 된다. 즉 $(x, y) = (1, 1)$이다.

(ii) $x = 2$일 때, 좌변이 3이 되어 제곱수가 아니므로 정수 y가 존재하지 않는다.

(iii) $x = 3$일 때, 좌변이 9가 되어 $y = 3$이다. 즉, $(x, y) = (3, 3)$이다.

(iv) $x = 4$일 때, 좌변은 33이 되어 제곱수가 아니므로 정수 y가 존재하지 않는다.

(v) $x \geq 5$일 때 살펴보자. $n \geq 5$이면 $5 \mid n!$이므로,

$$1! + 2! + 3! + \cdots + x! \equiv 1! + 2! + 3! + 4! \equiv 3 \pmod 5$$

이다. 그런데, 완전제곱수는 법 5에 대한 나머지가 0, 1, 4와 합동이므로 합동식의 해는 존재하지 않는다. 따라서 주어진 방정식의 양의 정수해가 존재하지 않는다.

위의 (i)~(v)로부터 주어진 방정식의 양의 정수해는 $(x, y) = (1, 1), (3, 3)$이다. $\square$

종합문제풀이 4.32 다음 방정식의 정수해를 모두 구하여라.

$$1 + x + x^2 + x^3 = 2^y.$$

풀이 : 좌변을 인수분해하면,

$$1 + x + x^2 + x^3 = 1 + x + x^2(1 + x) = (1 + x^2)(1 + x)$$

이다. 주어진 방정식의 좌변은 x가 정수이면 정수값이고, 따라서 우변도 정수이어야 하므로 $y \geq 0$이다. 따라서

$$1 + x = 2^m, \qquad 1 + x^2 = 2^{y-m}$$

을 만족하는 $0 \leq m \leq y$인 양의 정수 m이 존재한다. 따라서 $(2^m - 1)^2 = 2^{y-m} - 1$이고 정리하면 $2^{y-m} = 2^{2m} - 2^{m+1} + 2$이다. 만약 $m = 0$이면 $2^y = 1$이고, $y = 0$이다. $m \geq 1$이면 홀수 $2^{y-m-1} = 2^{2m-1} - 2^m + 1$은 2의 거듭제곱이 될 수 없으므로 $2^{2m-1} - 2^m + 1 = 1$이고 이것은 $2m - 1 = m$임을 의미한다. 따라서 $m = 1$이고, $x = 1, y = 2$이다. 즉, 구하는 해는 $(x, y) = (0, 0), (1, 2)$이다. $\square$

종합문제풀이 4.33 다음 합동식은 모든 자연수 m에 대하여 해가 존재함을 보여라.

$$6x^2 + 5x + 1 \equiv 0 \pmod m$$

풀이 : $6x^2 + 5x + 1 = (3x+1)(2x+1)$로 인수분해된다. 임의의 자연수 m은 $m = 2^n \cdot k$라고 놓을 수 있다. 단, k는 홀수이고, n은 음이 아닌 정수이다. 그러면 $\gcd(3, 2^n) = \gcd(2, k) = 1$이므로, 중국인의 나머지 정리에 의해 연립합동식

$$3x \equiv -1 \quad (\text{mod } 2^n)$$

$$2x \equiv -1 \quad (\text{mod } k)$$

의 해가 존재한다. 이 해는 $3x + 1$가 2^n의 배수, $2x + 1$이 k의 배수가 되도록 하므로, 주어진 방정식은 법 $m = 2^n \cdot k$에 대하여 해가 존재한다. □

종합문제풀이 4.34 다음 방정식을 만족하는 양의 정수해가 존재하지 않음을 보여라.

$$x^2 - y^3 = 7.$$

풀이 : x, y를 주어진 방정식의 한 해라고 가정하자. y가 짝수이면 $x^2 \equiv 7$ (mod 8)이고 이것은 모순이다. 따라서 y는 홀수이고 정수 k에 대하여 $y = 2k + 1$이라 놓을 수 있다. 그러면

$$
\begin{aligned}
x^2 + 1 = y^3 + 2^3 \\
= (y+2)(y^2 - 2y + 4) \\
= (y+2)\{(y-1)^2 + 3\} \\
= (2k+3)(4k^2 + 3)
\end{aligned}
$$

이다. 또한 $4k^2 + 3$은 적어도 하나의 $p \equiv 3$ (mod 4)인 소인수 p를 가진다. 따라서 $x^2 + 1 \equiv 0$ (mod p)이 되어 모순된다. 따라서 주어진 방정식의 해는 존재하지 않는다. □

종합문제풀이 4.35 모든 양의 정수 n에 대하여 디오판틴 방정식

$$5x^2 - 8xy + 5y^2 - 4n^2 = 0$$

의 해의 개수는 유한개임을 증명하여라.

풀이 : 주어진 방정식을 변형하면

$$(2x - y)^2 + (2y - x)^2 = 4n^2$$

이다. 따라서

$$(2x - y)^2 \leq (2n)^2, \qquad (2y - x)^2 \leq (2n)^2$$

이고, 그러므로

$$-2n \leq 2x - y \leq 2n, \qquad -2n \leq 2y - x \leq 2n$$

이다. 두 부등식으로 부터

$$-2n \leq x \leq 2n, \qquad -2n \leq y \leq 2n$$

을 얻는다. 따라서 양의 정수 n에 대하여 주어진 방정식의 해는 유한하다. □

종합문제풀이 4.36 다음의 k의 값이 음이 아닌 정수가 되게 하는 양의 정수쌍 (x, y)를 모두 구하여라.

$$k = \frac{x^3 + y^3 - x^2y^2}{(x + y)^2}.$$

풀이 : x, y의 대칭성에 의하여 $x \geq y$라고 놓아도 일반성을 잃지 않는다. $2x^3 - x^2y^2 \geq x^3 + y^3 - x^2y^2 \geq 0$에서 $2x \geq y^2$이다. 또한,

$$k = \frac{x^3 + y^3 - x^2y^2}{(x + y)^2} = x + y - \frac{3xy}{x + y} - \left(\frac{xy}{x + y}\right)^2$$

에서 $\frac{3xy}{x + y} + \left(\frac{xy}{x + y}\right)^2$ 역시 정수이다. $\frac{xy}{x + y} = \frac{q}{p}$(단, $\gcd(p, q) = 1$)라고 두자. 그러면

$$\frac{3xy}{x + y} + \left(\frac{xy}{x + y}\right)^2 = \frac{q(q + 3p)}{p^2}$$

에서 유클리드 호제법의 의하여, $\gcd(p, q(q + 3p)) = \gcd(p, q + 3p) = \gcd(p, q) = 1$이다. 그런데, $\frac{q(q + 3p)}{p^2}$이 정수이므로 $p = 1$이어야 한다.즉, $\frac{xy}{x + y}$는 정수이다. 따라서

$$\frac{y^2}{x + y} = -\frac{xy}{x + y} + \frac{y(x + y)}{x + y}$$

역시 정수이고,

$$0 < \frac{y^2}{x+y} \le \frac{2x}{x+y} < \frac{2x}{x} = 2$$

이다. 즉, $\frac{y^2}{x+y} = 1$이다. 따라서 $x = y^2 - y$이다. 이 식을 처음 식에 대입하면 $k = 2 - y$가 된다. 그러므로 $y = 1$ 또는 2이다. 그런데, $y = 1$이면 $x = 0$에 모순된다. 따라서 k의 값이 음이 아닌 정수가 되게 하는 양의 정수쌍은 $(x, y) = (2, 2)$이다. $\quad\square$

종합문제풀이 4.37 (KMO, '1989) n을 10진법으로 나타낸 양의 정수라 한다. n의 각 자리 수들의 곱이 $n^2 - 10n - 22$인 모든 n을 구하여라.

풀이 :

(i) n이 한 자리 수라 하면 $n^2 - 10n - 22 = n$이 되어 $n^2 - 11n - 22 = 0$를 풀면 $n = \dfrac{11 \pm \sqrt{209}}{2}$이다. 이는 정수해가 아니므로 n이 한 자리 수일 경우에는 만족하는 n이 존재하지 않는다.

(ii) n이 각 자리 수가 0이 아닌 두 자리 수라 하고 $n = 10a + b(1 \le a, b \le 9)$라 두면,

$$(10a + b)^2 - 10(10a + b) - 22 = ab$$

이다. 이를 다시 정리하면

$$100a(a - 1) + 19ab = b(10 - b) + 22$$

이다. 그런데, $b(10 - b) = 25 - (b + 5)^2 < 25$이므로 $a = 1$이다.

이 때, $19b = 10b - b^2 + 22$이고 이를 정리하면 $(b - 2)(b + 11) = 0$이 되어 $b = 2$ 또는 $b = -11$이다. 따라서 $b = 2$이다. 즉, 주어진 조건을 만족하는 두 자리 수는 12이다.

(iii) n이 각 자리 수가 0이 아닌 세 자리 이상의 수라고

$$n = a_k 10^k + a_{k-1} 10^{k-2} + \cdots + a_2 10^2 + a_1 10 + a_0$$

이라고 두자. 단, $k \geq 2$, $1 \leq a_k \leq 9$이다. 그러면

$$a_0 a_1 a_2 \cdots a_k = n^2 - 10n - 22 = n(n-10) - 22$$

이다. 좌변은 $a_0 a_1 \cdots a_k \leq 9^{k+1} < 10^{k+1}$이고, 우변은 $2k+1$자리 수 이상이므로 이 식을 만족하는 자연수는 없다.

따라서 (i), (ii), (iii)에 의하여 주어진 조건을 만족하는 수는 12뿐이다. □

종합문제풀이 4.38 (KMO, '1990) 각 자리수에 9를 포함하지 않는 모든 자연수의 역수의 합은 28보다 작음을 보여라.

풀이 : n자리 자연수를 $a_n a_{n-1} \cdots a_2 a_1$이라고 하자. 그러면 a_n은 1에서 8까지의 수가 올 수 있고, $a_i (i = 1, \cdots, n-1)$에는 0에서 8까지의 수가 올 수 있으므로, a_n자리가 $k (k = 1, 2, \cdots, 8)$일 때, n자리의 수는 모두 9^{n-1}개가 있고, 이들은 모두 $k \times 10^{n-1}$이상이므로, 역수는 모두 $\dfrac{1}{k \times 10^{n-1}}$이하이다. 따라서 n자리의 자연수의 역수의 합은

$$\sum_{k=1}^{8} \frac{9^{n-1}}{k \times 10^{n-1}} = \left(1 + \frac{1}{2} + \frac{1}{3} + \cdots + \frac{1}{8}\right)\left(\frac{9}{10}\right)^{n-1}$$

보다 작다. 따라서 구하는 모든 자연수의 역수의 합을 S라 하면

$$\begin{aligned}
S &< \sum_{n=1}^{\infty} \left(1 + \frac{1}{2} + \frac{1}{3} + \cdots + \frac{1}{8}\right)\left(\frac{9}{10}\right)^{n-1} \\
&= \frac{1}{1 - \frac{9}{10}}\left(1 + \frac{1}{2} + \frac{1}{3} + \cdots + \frac{1}{8}\right) \\
&= \frac{761}{28} = 27 + \frac{5}{28} < 28
\end{aligned}$$

이다. □

종합문제풀이 4.39 (KMO, '1992) $2^{1992} - 1$은 2^{248}보다 큰 여섯 개의 정수의 곱으로 나타낼 수 있음을 보여라.

풀이 : $1992 = 8 \times 249$이므로

$$2^{1992} - 1 = (2^{249})^8 - 1$$

$$= \left\{ (2^{249})^4 - 1 \right\} \left\{ (2^{249})^4 + 1 \right\}$$

$$= (2^{249} - 1)(2^{249} + 1) \left\{ (2^{249})^2 + 1 \right\} \left\{ (2^{332})^3 + 1 \right\}$$

$$= (2^{249} - 1)(2^{249} + 1)(2^{498} + 1)(2^{332} + 1) \cdot (2^{332 \cdot 2} - 2^{332} + 1)$$

$$= (2^{249} - 1)(2^{249} + 1)(2^{249} - 2^{125} + 1)(2^{249} + 2^{125} + 1)$$

$$\times (2^{332} + 1)(2^{664} - 2^{332} + 1)$$

로 인수분해된다. 각 인수는 모두 2^{248}보다 크다. $\quad\square$

종합문제풀이 4.40 $a_0 = 2, b_0 = 3^{a_0}, a_1 = 2^{b_0}, b_1 = 3^{a_1}, \cdots, a_n = 2^{b_{n-1}}, b_n = 3^{a_n}, \cdots$으로 정의된 수열 $\{a_n\}$, $\{b_n\}$에 대하여, $13^{a_n} + 23^{b_n}$은 항상 24의 배수임을 보여라.

풀이 : $a_0 = 2, b_0 = 3^2 = 9$이고, $n \geq 0$일 때, b_n은 3보다 큰 홀수이고, $n \geq 1$일 때, $a_n = 2^{b_{n-1}}$은 $2^3 = 8$의 배수이다.

따라서 $a_n = 8k, b_n = 2m + 1 (k, m$은 자연수)라 하면

$$13^{a_n} = 13^{8k} = 169^{4k} = (24 \times 7 + 1)^{4k} \equiv 1 \pmod{24}$$

$$23^{b_n} = (24 - 1)^{2m+1} \equiv (-1)^{2m+1} = -1 \pmod{24}$$

이다. 따라서 $13^{a_n} + 24^{b_n} \equiv 1 - 1 \equiv 0 \pmod{24}$가 $n \geq 1$인 모든 n에 대하여 성립한다. $n = 0$일 때,

$$13^{a_0} + 23^{b_0} = 13^2 + 23^9 = (24 \times 7 + 1) + (24 - 1)^9 \equiv 1 + (-1)^9 \equiv 0 \pmod{24}$$

이므로, $n \geq 0$인 모든 n에 대하여 $13^{a_n} + 23^{b_n}$은 24의 배수이다. $\quad\square$

종합문제풀이 4.41 (KMO, '1992) $(2 + \sqrt{3})^5$를 넘지 않는 최대의 정수를 구하여라.

풀이 : $\alpha = 2 + \sqrt{3}, \beta = 2 - \sqrt{3}$이라고 하자. 그러면 $\alpha + \beta = 4$, $\alpha\beta = 1$이고,

$$\alpha^2 + \beta^2 = (\alpha + \beta)^2 - 2\alpha\beta = 14$$

$$\alpha^3 + \beta^3 = (\alpha + \beta)^3 - 3\alpha\beta(\alpha + \beta) = 64 - 3 \cdot 1 \cdot 4 = 52$$

이다. 따라서

$$\alpha^5 + \beta^5 = (\alpha^2 + \beta^2)(\alpha^3 + \beta^3) - (\alpha\beta)^2(\alpha + \beta) = 14 \cdot 52 - 1 \cdot 4 = 724$$

이다. 그런데 $0 < \beta = \dfrac{1}{\alpha} < 1$이므로 $0 < \beta^5 < 1$이다. 따라서 $723 < \alpha^5 = (2 + \sqrt{3})^5 < 724$
이다. 즉, $(2 + \sqrt{3})^5$를 넘지 않는 최대의 정수는 723이다. $\quad\square$

종합문제풀이 4.42 (KMO, '1992) $n^7 - 7$이 19의 배수가 되도록 하는 자연수 n의 최솟값을
구하여라.

풀이 : $7^3 = 19 \times 18 + 1 \equiv 1 \pmod{19}$이다. 그러므로 $n^7 \equiv 7 \pmod{19}$에서,

$$(n^7)^3 = n^{21} \equiv 7^3 \equiv 1 \pmod{19}$$

이다. 19는 소수이므로 페르마의 작은 정리에 의하여

$$n^{18} \equiv 1 \pmod{19}$$

이다. 따라서

$$n^{21} = n^3 \cdot n^{18} \equiv n^3 \equiv 1 \pmod{19}$$

이다. 그러므로

$$n^7 = (n^3)^2 \cdot n \equiv n \equiv 7 \pmod{19}$$

이다. 즉, n은 법 19에 대하여 7과 합동이다. 따라서 n의 최솟값은 7이다. $\quad\square$

종합문제풀이 4.43 (KMO, '1999) 세 개의 정수에 대하여, 이 수들의 합, 제곱의 합, 세제
곱의 합을 각각 A, B, C라고 하자. $9A \geq B + 60$, $C \geq 360$일 때, A, B, C의 값을 구하여라.

풀이 : 세 정수를 a, b, c라고 하자. 그러면

$$A = a + b + c, \quad B = a^2 + b^2 + c^2, \quad C = a^3 + b^3 + c^3$$

이다. 이를 주어진 조건에 대입하여 정리하면

$$\left(a - \frac{9}{2}\right)^2 + \left(b - \frac{9}{2}\right)^2 + \left(c - \frac{9}{2}\right)^2 \leq \frac{3}{4}$$

이다. 따라서 a, b, c는 4 또는 5이다. 그런데, $C = a^3 + b^3 + c^3 \geq 360$이므로 $a = b = c = 5$ 이다. 따라서 $A = 15$, $B = 75$, $C = 375$이다. $\quad\square$

종합문제풀이 4.44 (KMO, '1999) $1 \leq a < b \leq 100$이고,

$$\left[a + \frac{b}{a}\right] = \left[b + \frac{a}{b}\right]$$

인 자연수의 정수쌍 (a, b)의 개수를 구하여라. 단, $[x]$는 x보다 크지 않은 최대의 정수를 나타 낸다.

풀이 : $b > a$이므로 $\left[b + \frac{a}{b}\right] = b$이다. $\left[a + \frac{b}{a}\right] = a + \left[\frac{b}{a}\right]$이다. 이 두 식을 주어진 조건에 대입하면

$$\left[\frac{b}{a}\right] = b - a$$

이다.

(i) $\left[\frac{b}{a}\right] = 1$일 때, $b = a + 1$이므로 $2 \leq a \leq 99$이다.

(ii) $\left[\frac{b}{a}\right] = 2$일 때, $b = a + 2$이므로 $a = 2, b = 4$이다.

(iii) $\left[\frac{b}{a}\right] = k \geq 3$일 때, $\left[\frac{b}{a}\right] = 1 + \left[\frac{k}{a}\right] = k$이다. 즉, $\left[\frac{k}{a}\right] = k - 1$ 이다. 이 때, $k - 1 \leq \frac{k}{a} < k$ 이다. 즉 $a(k-1) \leq k < ak$가 된다. 오른쪽 부등식에서 $a > 1$이고, 왼쪽 부등식에서 $a \leq \frac{k}{k-1}$이 되므로 모순이다. 그러므로 이 경우에는 만족하는 (a, b)는 존재하지 않는 다.

따라서 위의 (i), (ii), (iii)으로부터 만족하는 순서쌍의 개수는 99개이다. □

종합문제풀이 4.45 (KMO, '1999) 자연수 m에 대하여, m을 나누는 가장 작은 소수를 $p(m)$ 이라고 하자. $p(m)^4 > m$을 만족시키는 자연수 m이 가질 수 있는 양의 약수의 최대 개수를 구하여라.

풀이 : $m = p_1^{e_1} \cdot p_2^{e_2} \cdots p_n^{e_n}$ 라고 하자. 단, p_i는 소수이고, $p_i < p_{i+1}$, e_i는 지수, $i = 1, 2, \cdots,$ n이다. 그러면 $p(m)^4 > m$이므로 $p_1^4 > p_1^{e_1} \cdot p_2^{e_2} \cdots p_n^{e_n}$이다. 즉, $e_1 + e_2 + \cdots + e_n < 4$이다. 다시 말해, 소인수분해하였을 때, 생기는 소수의 개수는 최대 3개이다. 그런데 자연수 m의 양의 약수의 개수는 $(e_1 + 1)(e_2 + 1) \cdots (e_n + 1)$이므로, $e_1 = 1$, $e_2 = 1$, $\cdots$, $e_n = 1$ 일 때 양의 약수의 수는 최대가 된다. 따라서 자연수 m이 가질 수 있는 양의 약수의 최대 개수는 $(1 + 1)(1 + 1)(1 + 1) = 8$개다. □

종합문제풀이 4.46 (KMO, '1999) 방정식 $xy = 2^x - 1$의 정수해를 모두 구하여라.

풀이 : x를 다음과 같이 나누어서 살펴보자.

 (i) $x < 0$인 경우, $2^x - 1$은 정수가 아니므로 존재하지 않는다.

 (ii) $x = 0$인 경우, $0 \cdot y = 2^0 - 1 = 0$이 되어 모든 정수 y에 대해서 성립한다.

(iii) $x = 1$인 경우, $y = 2^1 - 1 = 1$이므로 $(x, y) = (1, 1)$일 때 성립한다.

(iv) $x \geq 2$인 경우, x를 나누는 제일 작은 소수를 p라 하면 $xy = 2^x - 1$에서 $2^x \equiv 1 \pmod{p}$ 이다. 페르마의 작은 정리에 의하여 $2^{p-1} \equiv 1 \pmod{p}$이다. $\gcd(x, p-1) = d \neq 1$ 이라고 하면, $d \mid x$가 되어 p가 x를 나누는 제일 작은 소수라는 것에 모순이다. 따라서 $\gcd(x, p-1) = 1$이다. 또한 r을 $2^r \equiv 1 \pmod{p}$를 만족하는 최소의 수라고 하면, $r \mid x$, $r \mid p - 1$이므로 $r = 1$이 된다. 이것은 $2 \equiv 1 \pmod{p}$가 되어 모순이다. 따라서 $x \geq 2$ 인 경우에는 주어진 방정식을 만족하는 정수쌍 (x, y)가 존재하지 않는다.

따라서 (i)~(iv)로 부터 주어진 방정식의 해는 $(x, y) = (1, 1)$, $(0, k)$이다. 단, k는 임의의 정수이다. $\square$

종합문제풀이 4.47 (KMO, '2002) $p^{2002} + 2003^{p-1} - 1$이 $2003 \times p$의 배수가 되는 소수 p를 모두 구하여라. 단, 2003은 소수이다.

풀이 : $p \neq 2003$인 소수이면, 페르마의 작은 정리에 의하여

$$2003^{p-1} \equiv 1 \pmod{p}, \qquad p^{2002} \equiv 1 \pmod{2003}$$

이므로,

$$p^{2002} + 2003^{p-1} - 1 \equiv 0 \pmod{p}$$
$$p^{2002} + 2003^{p-1} - 1 \equiv 0 \pmod{2003}$$

이다. 즉, $p^{2002} + 2003^{p-1} - 1$가 $2003 \times p$의 배수가 된다. 그런데, $p = 2003$이면, $p^{2002} + 2003^{p-1} - 1 \equiv -1 \pmod{2003}$이 되어 $p^{2002} + 2003^{p-1} - 1$가 $2003 \times p$의 배수가 아니다. 따라서 p가 2003과 서로 소인 소수이면 $p^{2002} + 2003^{p-1} - 1$이 $2003 \times p$의 배수가 된다. $\square$

종합문제풀이 4.48 (KMO, '2002) 소수 2003에 대하여 $n^{2002} + 2003^{\phi(n)} - 1$이 $2003 \times n$의 배수가 되는 양의 정수 n을 모두 구하여라. 단, $\phi(n)$은 n이하의 양의 정수 중 n과 서로 소인 것들의 개수이다.

풀이 : n이 2003의 배수이면

$$n^{2002} + 2003^{\phi(n)} - 1 \equiv -1 \pmod{2003}$$

이 되어 $n^{2002} + 2003^{\phi(n)} - 1$가 $2003 \times n$의 배수가 아니다.

n이 2003의 배수가 아니면 n과 2003은 서로 소이고, 페르마의 작은 정리와 오일러의 정리에

의하여

$$n^{2002} \equiv 1 \pmod{2003}, \qquad 2003^{\phi(n)} \equiv 1 \pmod{n}$$

이므로,

$$n^{2002} + 2003^{\phi(n)} - 1 \equiv 0 \pmod{2003}$$
$$n^{2002} + 2003^{\phi(n)} - 1 \equiv 0 \pmod{n}$$

이다. 즉, $n^{2002} + 2003^{\phi(n)} - 1$은 $2003 \times n$의 배수이다. 따라서 n이 2003의 배수가 아닐 때에만 항상 성립한다. □

종합문제풀이 4.49 (AMO, '1999) 정수 n과 소수 p에 대하여 $1 + np$가 완전제곱수라고 할 때, $n + 1$이 p개의 완전제곱수의 합으로 나타낼 수 있음을 보여라.

풀이 : $1 + np = x^2$라고 하면 $np = (x+1)(x-1)$, 즉 $p \mid (x+1)(x-1)$이다. p가 소수이므로 $p \mid (x+1)$ 또는 $p \mid (x-1)$이다. 여기서 $x = qp \pm 1$로 둘 수 있다. 단, q는 정수이다. 그러면

$$n + 1 = \frac{(qp \pm 1)^2 - 1}{p} + 1 = q^2 p \pm 2q + 1 = (p-1)q^2 + (q \pm 1)^2$$

으로 p개의 완전제곱수의 합이 된다. □

종합문제풀이 4.50 (HKPSC, '2003) 양의 정수 x를 이진법으로 표현했을 때, 숫자 1이 짝수개 포함되어 있을 때, x를 마법수라고 하자. 예를 들어, 작은 순서대로 5개의 마법수는 3, 5, 6, 9, 10이다. 작은 순서대로 2003개의 마법수의 합을 구하여라.

풀이 : 4이상의 임의의 양의 정수는 $4n, 4n+1, 4n+2, 4n+3$(단, n은 양의 정수)로 표현된다. 이들을 2진법으로 표현했을 때, 마지막 두 숫자는 00, 01, 10, 11이다. $4n$과 $4n+3$이 모두 마법수이거나 $4n+1$과 $4n+2$이 마법수이다. 그런데, 두 마법수의 합은 모두 $8n+3$이다. 즉, 연속된 4개의 수 중에는 반드시 마법수가 2개 있고, 이들은 합은 $8n+3$의 꼴이다. 또,

$2003 = 2 \times 1001 + 1$이다. 따라서 작은 순서대로 2003개의 마법수의 합은

$$3 + 8(1 + 2 + \cdots + 1001) + 3(1001) = 4015014$$

이다. □

종합문제풀이 4.51 (AIME, '1995) $n = 2^{31}3^{19}$이다. n^2의 양의 약수 중 n의 약수가 아니면서, n보다 작은 수는 몇 개인가?

풀이 : n^2은 $63 \cdot 39 = 2457$개의 양의 약수를 가지고 있다. 그런데, n을 제외한 n^2의 양의 약수 d는 $\dfrac{n^2}{d}$와 한 쌍을 이룬다. 그리고 이 두 개의 수 중 한 개는 n보다 작고, 다른 한 개는 n보다 크다. 따라서 n^2의 양의 약수 중 n보다 작은 수의 개수는

$$\frac{63 \cdot 39 - 1}{2} = 1228$$

개다. 그런데, n보다 작은 n의 양의 약수의 개수는 $32 \cdot 20 - 1 = 639$개이므로, n^2의 양의 약수 중 n보다 작지만 n의 약수가 아닌 수의 개수는 $1228 - 639 = 589$이다. □

종합문제풀이 4.52 (APMO, '1998) 양의 정수 a, b에 대하여, $(36a + b)(a + 36b)$는 2의 거듭제곱으로 나타낼 수 없음을 보여라.

풀이 : $a = 2^c \cdot p$, $b = 2^d \cdot q$라고 두자. 단, p, q는 홀수이다. $c \geq d$라고 해도 일반성을 잃지 않는다. 그러면

$$36a + b = 36 \cdot 2^c \cdot p + 2^d \cdot q = 2^d(36 \cdot 2^{c-d} \cdot p + q)$$

이다. 결과적으로

$$(36a + b)(36b + a) = 2^d(36 \cdot 2^{c-d} \cdot p + q)(36b + a)$$

는 홀수 인수 $36 \cdot 2^{c-d} \cdot p + q$를 갖는다. 따라서 $(36a + b)(a + 36b)$는 2의 거듭제곱으로 나타낼 수 없다. □

종합문제풀이 4.53 양의 정수 n에 대하여, $p(n)$을 n의 홀수인 양의 약수 중 최댓값으로 정의할 때,

$$p(2006) + p(2007) + \cdots + p(4012)$$

를 구하여라.

풀이 : 음이 아닌 정수 k에 대하여 $n = 2^k \cdot p(n)$이라고 하자. 두 정수 n_1, n_2가 $p(n_1) = p(n_2)$라고 하면, 두 수 중 하나는 다른 하나의 최소한 두 배이다. 2007, 2008, $\cdots$, 4012에는 다른 수의 두 배가 되는 수가 없으므로, $p(2007)$, $p(2008)$, $\cdots$, $p(4012)$는 2006개의 서로 다른 홀수인 양의 약수를 갖는다. 또한 이 홀수인 양의 약수는 2006개의 원소를 갖는 $\{1, 3, \cdots, 4011\}$의 원소이다. 즉,

$$\{p(2007), p(2008), \cdots, p(4012)\} = \{1, 3, \cdots, 4011\}$$

이다. 따라서

$$p(2006) + p(2007) + \cdots + p(4012) = p(2006) + 1 + 3 + \cdots + 4011$$
$$= 1003 + 2006^2 = 4025039$$

이다. $\square$

종합문제풀이 4.54 (IMO, '2005) 수열 $a_1, a_2, \cdots$가 모든 양의 정수 n에 대하여,

$$a_n = 2^n + 3^n + 6^n - 1$$

로 정의되었다고 하자. 수열의 모든 항과 서로 소가 되는 양의 정수를 모두 구하여라.

풀이 : 1은 모든 a_n과 서로 소이므로 주어진 조건을 만족한다. 이제 모든 소수 p가 a_k를 나눈다는 것을 보이자. 단, k는 적당한 양의 정수이다. $a_2 = 2^2 + 3^2 + 6^2 - 1 = 48$이므로 $p = 2$, $p = 3$는 a_2를 나눈다.

$p \geq 5$라고 하자. 그러면 페르마의 작은 정리에 의하여,

$$2^{p-1} \equiv 3^{p-1} \equiv 6^{p-1} \equiv 1 \pmod{p}$$

이다. 따라서

$$3 \cdot 2^{p-1} + 2 \cdot 3^{p-1} + 6^{p-1} \equiv 3 + 2 + 1 \equiv 6 \pmod{p}$$

이다. 다시 정리하면,

$$6(2^{p-2} + 3^{p-2} + 6^{p-2} - 1) \equiv 0 \pmod{p}$$

이다. 즉, $6a_{p-2}$는 p로 나누어 떨어진다. 또한, p와 6이 서로 소이므로 a_{p-2}는 p로 나누어 떨어진다. $\square$

종합문제풀이 4.55 (MathRef J3, '2006) 양의 정수 n에 대하여 수열 a_n이

$$a_n = \sqrt{1 + \left(1 + \frac{1}{n}\right)^2} + \sqrt{1 + \left(1 - \frac{1}{n}\right)^2}$$

와 같이 정의되었을 때, $\dfrac{1}{a_1} + \dfrac{1}{a_2} + \cdots + \dfrac{1}{a_{20}}$이 정수임을 보여라.

풀이 :

$$
\begin{aligned}
\frac{1}{a_n} &= \frac{1}{\sqrt{1 + \left(1 + \frac{1}{n}\right)^2} + \sqrt{1 + \left(1 - \frac{1}{n}\right)^2}} \\
&= \frac{n}{4}\left[\sqrt{1 + \left(1 + \frac{1}{n}\right)^2} - \sqrt{1 + \left(1 - \frac{1}{n}\right)^2}\right] \\
&= \frac{1}{4}\left[\sqrt{n^2 + (n+1)^2} - \sqrt{n^2 + (n-1)^2}\right]
\end{aligned}
$$

이므로,

$$
\begin{aligned}
\frac{1}{a_1} &+ \frac{1}{a_2} + \cdots + \frac{1}{a_{20}} \\
&= \left(\frac{\sqrt{5}}{4} - \frac{1}{4} \right) + \left(\frac{\sqrt{13}}{4} - \frac{\sqrt{5}}{4} \right) + \left(\frac{5}{4} - \frac{\sqrt{13}}{4} \right) + \cdots \\
&\quad + \left(\frac{\sqrt{685}}{4} - \frac{\sqrt{613}}{4} \right) + \left(\frac{\sqrt{761}}{4} - \frac{\sqrt{685}}{4} \right) + \left(\frac{29}{4} - \frac{\sqrt{761}}{4} \right) \\
&= \frac{29}{4} - \frac{1}{4} = 7
\end{aligned}
$$

이다. □

종합문제풀이 4.56 (MathRef J18, '2006) $n > 2$인 정수에 대하여, $2^{2^{n+1}} + 2^{2^n} + 1$이 1보다 큰 세 가지 정수의 곱으로 표현할 수 있음을 증명하여라.

풀이 : $a^4 + a^2 + 1 = (a^2 - a + 1)(a^2 + a + 1)$로 인수분해되는 성질을 이용하자. 그러면

$$
\begin{aligned}
&\left(2^{2^{n-1}} \right)^4 + \left(2^{2^{n-1}} \right)^2 + 1 \\
&= \left(\left(2^{2^{n-1}} \right)^2 - 2^{2^{n-1}} + 1 \right) \left(\left(2^{2^{n-1}} \right)^2 + 2^{2^{n-1}} + 1 \right) \\
&= \left(2^{2^n} - 2^{2^{n-1}} + 1 \right) \left(\left(2^{2^{n-2}} \right)^4 + \left(2^{2^{n-2}} \right)^2 + 1 \right) \\
&= \left(2^{2^n} - 2^{2^{n-1}} + 1 \right) \left(2^{2^{n-1}} - 2^{2^{n-2}} + 1 \right) \left(2^{2^{n-1}} + 2^{2^{n-2}} + 1 \right)
\end{aligned}
$$

이다. 따라서 $n > 2$인 정수이면 $2^{2^{n+1}} + 2^{2^n} + 1$은 1보다 큰 세 정수의 곱으로 표현됨을 알 수 있다. □

종합문제풀이 4.57 (MathRef S13, '2006) 정수 k에 대하여

$$
n = \sqrt[3]{k + \sqrt{k^2 - 1}} + \sqrt[3]{k - \sqrt{k^2 - 1}} + 1
$$

이라 하면, $n^3 - 3n^2$이 정수임을 증명하여라.

풀이 : $a^3 + b^3 + c^3 - 3abc = (a+b+c)(a^2+b^2+c^2-ab-bc-ca)$로 인수분해되는 성질을 이용하자. $a = \sqrt[3]{k + \sqrt{k^2-1}}$, $b = \sqrt[3]{k - \sqrt{k^2-1}}$, $c = 1-n$라고 놓자. 그러면 $a+b+c = 0$이다. 따라서 $a^3 + b^3 + c^3 - 3abc = 0$이다. 또한, $ab = 1$이므로, 위 식은 $2k + (1-n)^3 - 3(1-n) = 0$이 된다. 따라서 $n^3 - 3n^2 = 2k - 2$가 되어 정수가 된다. □

종합문제풀이 4.58 (KMO, '1995) 방정식 $x^2 - 2y^2 = 1$의 정수해가 무한히 많이 존재함을 보여라.

풀이 : 방정식 $x^2 - 2y^2 = 1$의 정수해 (x, y)의 집합을 S라 하자. 즉, $S = \{(x,y) | x^2 - 2y^2 = 1,\ x, y$는 정수$\}$이다. $(x_1, y_1) \in S$, $(x_2, y_2) \in S$라고 하자. $x = x_1x_2 + 2y_1y_2$, $y = x_1y_2 + x_2y_1$이라고 하면

$$x^2 - 2y^2 = (x_1x_2 + 2y_1y_2)^2 - 2(x_1y_2 + x_2y_1)^2$$
$$= x_1^2x_2^2 + 4y_1^2y_2^2 - 2x_1^2y_2^2 - 2x_2^2y_1^2$$
$$= (x_1^2 - 2y_1^2)(x_2^2 - 2y_2^2) = 1$$

이므로 $(x, y) \in S$이다. 이를 반복하게 정수해가 무한히 많이 존재한다. 실제로, $(x_n, y_n) \in S$, $(x_{n+1}, y_{n+1}) \in S$일 때,

$$x_{n+2} = x_nx_{n+1} + 2y_ny_{n+1}, \quad y_{n+2} = x_ny_{n+1} + x_{n+1}y_n$$

이라 하면, $(x_{n+2}, y_{n+2}) \in S$이다. 또한 (x_n, y_n)와 (x_{n+1}, y_{n+1})이 모두 양의 정수이면 증가수열이 된다.

$(x, y) = (3, 2)$일 때, $x^2 - 2y^2 = 1$을 만족하므로 $(x_1, y_1) = (x_2, y_2) = (3, 2)$이라 하면 $(x_3, y_3) = (17, 12)$이 된다. 이를 계속 반복하면 (x_n, y_n)은 증가수열이 되고, $n \neq 1$일 때, $(x_n, y_n) \neq (x_{n+1}, y_{n+1})$이 되므로 S는 무한히 많은 원소를 갖는다. 즉, 방정식 $x^2 - 2y^2 = 1$의 정수해는 무한히 많다. □

종합문제풀이 4.59 (KMO, '1995) 자연수 n에 대하여 $p = 4^n + 1$이라 한다. p가 $3^{2 \cdot 4^{n-1}} + 1$ 의 약수이면 p는 소수임을 보여라.

풀이 : $p = 4^n + 1$이므로 $\dfrac{p-1}{2} = 2 \cdot 4^{n-1}$이다. p가 $3^{2 \cdot 4^{n-1}} + 1 = 3^{\frac{p-1}{2}} + 1$의 약수이면,

$$(3^{\frac{p-1}{2}} + 1)(3^{\frac{p-1}{2}} - 1) = 3^{p-1} - 1 = 3^{4^n} - 1$$

의 약수이다. $p \equiv 2 \pmod 3$이므로 3과 p는 서로 소이다. 따라서 $1 \le s \le p - 1$에 대해서 $3^s - 1$이 p로 나누어지는 최소의 자연수 s는 $p - 1 = 4^n$의 약수이다. 따라서 $s = 2^k$라고 하자. 단, $k \le 2n$이다. 그런데, $k \le 2n - 1$이라고 하면 $3^{\frac{p-1}{2}} + 1 = 3^{2^{2n-1}} + 1$은 p로 나누어 떨어지고, $3^s = 3^{2^{2n-1}} = 3^{2^{2n-1-k} \cdot 2^k} = (3^{2^k})^{2^{2n-1-k}}$에서 $3^{2^{2n-1}} \equiv -1 \pmod p$, $(3^{2^k})^{2^{2n-1-k}} \equiv 1 \pmod p$ 이므로 모순이다. 따라서 $k = 2n$이다. p가 $3^m - 1$을 나누는 최소의 자연수 m은 $p - 1$이므로 집합 $\{3, 3^2, \cdots, 3^{p-1}\}$의 원소들을 p로 나눈 나머지들의 집합은 $\{1, 2, \cdots, p - 1\}$과 같다. $p = st$로 나타낼 수 있다고 하자. 이 때, s와 t가 각각 3^i와 3^j에 대응된다고 할 때, p가 3^{i+j} 를 나누는 것이 되므로 p가 $3^{\frac{p-1}{2}} + 1$을 나눈다는데 모순이다. 따라서 $p = 4^n + 1$은 소수이다. □

종합문제풀이 4.60 (KMO, '1997) 임의의 자연수 n에 대하여, 두 수 $n! + 1$과 $(n + 1)! + 1$ 은 서로 소임을 증명하여라. 단, $n! = 1 \times 2 \times \cdots \times n$이다.

풀이 : $A = n! + 1$, $B = (n + 1)! + 1$이라 하자. 그러면

$$(n + 1)A - B = (n + 1)! + (n + 1) - [(n + 1)! + 1] = n$$

이고, $n + 1$과 n은 서로 소이므로 , A와 B의 공약수는 n의 약수이다. 즉, A와 B의 공약수는 A와 n의 공약수와 같다. $n!$이 n의 배수이므로 A와 n은 서로 소이다. 따라서 A와 B는 서로 소이다. □

종합문제풀이 4.61 (KMO, '1997) $[(2 + \sqrt{3})^6]$의 값을 구하여라. 단, 실수 x에 대하여 $[x]$는

x를 넘지 않는 최대의 정수이다.

풀이 : $x = 2 + \sqrt{3}$, $y = 2 - \sqrt{3}$이라 하면, $x + y = 4$, $xy = 1$이다. 또한, $0 < y < 1$이므로 $0 < y^6 < 1$이다.

$$x^6 + y^6 = (x^2 + y^2)^3 - 3x^2 y^2 (x^2 + y^2)$$

이 성립하고, $x^2 + y^2 = 14$이므로, $x^6 + y^6 = 2702$이다. 따라서 $[x^6] = [(2 + \sqrt{3})^6] = 2701$ 이다. □

종합문제풀이 4.62 $n! + 5$가 세 제곱수일 때, 이를 만족하는 양의 정수 n들의 합을 구하여라.

풀이 : 정수 x에 대하여 $x^3 \equiv -1, 0, 1 \pmod 7$이므로 $n \geq 7$이면 $n! + 5 \equiv 5 \pmod 7$이 되어 세 제곱수가 존재하지 않는다. 따라서 $n \leq 6$이다. $n = 1, 2, 3, 4, 5, 6$에 대하여 각각 대입하여 세 제곱수임을 확인하면 $n = 5$일 때만 $125 = 5^3$이 되어 세 제곱수가 됨을 알 수 있다. □

종합문제풀이 4.63 연립방정식 $2xz = y^2$, $x + z = 2011$을 만족하는 모든 정수해의 순서쌍 (x, y, z)를 구하여라.

풀이 : $2xz = y^2$에서, y는 짝수이고, 2011이 소수이므로, $x + z = 2011$에서 $\gcd(x, z) = 1$이다. 그러므로 $2xz = y^2$에서 x, z 중 한 수는 제곱수이고, 한 수는 제곱수의 두 배이다. 이로부터,

$$x = 2a^2, \quad y = b^2, \quad \gcd(a, b) = 1$$

라고 놓자. 그러므로 $2a^2 + b^2 = 2011$이다. 그런데, 제곱수는 법 8에 대하여 0, 1, 4와 합동 이고, $2011 \equiv 3 \pmod 8$이므로 $a^2 \equiv b^2 \equiv 1 \pmod 8$일 때, 즉 a, b 모두 홀수일 때, 주어진 방정식의 해가 유일하게 존재한다. $b^2 = 2011 - 2a^2$에서 $a = 9$일 때, $b = 43$이 되어 유일한 해가 된다. 따라서 $x = 162$, $y = 774$, $z = 1849$이다. 즉 $(x, y, z) = (162, 774, 1849)$이다. □

종합문제풀이 4.64 n이 $5 \nmid n$인 양의 홀수일 때, n의 배수 중에는 모든 자리 숫자가 1인 것들이 무한히 많이 있음을 증명하여라.

풀이 : n이 $5 \nmid n$인 양의 홀수이므로 $\gcd(10, n) = 1$이다. 또한, $\gcd(10, 9) = 1$이므로 $\gcd(10, 9n) = 1$이다. 오일러의 정리에 의하여

$$10^{\phi(9n)} \equiv 1 \pmod{9n}$$

이다. $\phi(9n) = r$이라고 하자. 그러면 $r \neq 0$이고, 모든 양의 정수 m에 대하여 $10^{rm} \equiv 1 \pmod{9n}$이므로 $10^{rm} - 1$은 $9n$의 배수들이고, $\dfrac{10^{rm} - 1}{9}$은 n의 배수들이다. 그런데 $\dfrac{10^{rm} - 1}{9}$은 모든 자리 숫자가 1이다. $\square$

종합문제풀이 4.65 $a_1 = 2$, $a_{n+1} = a_n^2 - a_n + 1$을 만족하는 수열 a_n에 대하여, $m > n$일 때, $\gcd(a_m, a_n) = 1$임을 증명하여라.

풀이 :

$$a_{n+1} - 1 = a_n(a_n - 1)$$
$$a_n - 1 = a_{n-1}(a_{n-1} - 1)$$
$$\vdots$$
$$a_2 - 1 = a_1(a_1 - 1)$$

이므로 $a_{n+1} - 1 = a_n a_{n-1} \cdots a_2 a_1$이다. $m > n$이므로

$$a_m - 1 = a_{m-1} a_{m-2} \cdots a_n a_{n-1} \cdots a_2 a_1$$

에서

$$a_m - (a_{m-1} a_{m-2} \cdots a_{n+1} a_{n-1} \cdots a_2 a_1) a_n = 1$$

이다. $a_{m-1} a_{m-2} \cdots a_{n+1} a_{n-1} \cdots a_2 a_1$은 정수이므로 $\gcd(a_m, a_n) = 1$이다. $\square$

종합문제풀이 4.66 $x_1^4 + x_2^4 + \cdots + x_{14}^4 = 2015$을 만족하는 정수해를 모두 구하여라.

풀이 : 임의의 정수 n에 대하여 $n^4 \equiv 0, 1 \pmod{16}$이다. 즉, n이 짝수이면 $n^4 \equiv 0 \pmod{16}$이고, n이 홀수이면 $n^4 \equiv 1 \pmod{16}$이다. 따라서

$$x_1^4 + x_2^4 + \cdots + x_{14}^4 \equiv 0, 1, 2, \cdots, 14 \pmod{16}$$

이다. 그런데, $2015 \equiv 15 \pmod{16}$이므로 주어진 방정식의 정수해는 존재하지 않는다. $\quad\square$

종합문제풀이 4.67 수열 a_n이 $a_0 = 24$, $a_1 = 60$, $a_2 = 102$이고,

$$a_{n+3} = \text{lcm}(a_{n+2}, a_{n+1}, a_n) + \text{lcm}(a_{n+1}, a_n) + a_n$$

로 정의될 때, $\gcd(a_{2010}, a_{2009}, a_{2008})$를 구하여라.

풀이 : $d_{n+2} = \gcd(a_{n+2}, a_{n+1}, a_n)$이라고 하자. 단, $n \geq 1$이다. 그러면 $d_{n+2} \mid a_n$, $d_{n+2} \mid a_{n+1}$, $d_{n+2} \mid a_{n+2}$이다. 따라서 $d_{n+2} \mid a_{n+3}$이다. 즉, $d_{n+2} \mid d_{n+3}$이다. 역으로, $d_{n+3} \mid a_{n+2}$, $d_{n+3} \mid a_{n+1}$이므로 $d_{n+3} \mid a_n$이고, $d_{n+3} \mid d_{n+2}$이다. 따라서 $d_{n+3} = d_{n+2}$이다. 그러므로

$$d_{2010} = \gcd(a_{2010}, a_{2009}, a_{2008}) = \cdots = \gcd(a_2, a_1, a_0) = 6$$

이다. $\quad\square$

종합문제풀이 4.68 방정식 $x^3 + y^3 = 2011$을 만족하는 정수해의 순서쌍 (x, y)를 모두 구하여라.

풀이 : 임의의 정수 n에 대하여 $n^3 \equiv 0, 1, 8 \pmod{9}$이므로 $x^3 + y^3 \equiv 0, 1, 2, 7, 8 \pmod{9}$이다. 그런데, $2011 \equiv 4 \pmod{9}$이므로 주어진 방정식을 만족하는 정수해는 존재하지 않는다. $\square$

종합문제풀이 4.69 양의 정수 n을 3으로 나눈 나머지가 2일 때, n의 모든 양의 약수의 합이 3의 배수임을 증명하여라.

풀이 : $n = 3k + 2$의 꼴이므로 n은 완전제곱수가 아니다. 단, k는 음이 아닌 정수이다. n의 양의 약수 중 $\sqrt{n}$ 이하의 수를 a_1, a_2, $\cdots$, a_m이라고 하면 n의 양의 약수의 합은

$$a_1 + a_2 + \cdots + a_m + \frac{n}{a_1} + \frac{n}{a_2} + \cdots + \frac{n}{a_m}$$

이다. 임의의 $j(1 \leq j \leq m$인 정수)에 대하여, $a_j + \dfrac{n}{a_j}$를 살펴보면

$$a_j + \frac{n}{a_j} = \frac{a_j^2 + n}{a_j} = \frac{a_j^2 + 3k + 2}{a_j}$$

이다. n은 3의 배수가 아니므로 a_j도 3의 배수가 아니다. 따라서

$$a_j^2 \equiv 1 \quad (\mathrm{mod}\ 3)$$

이다. 이제 $a_j^2 = 3l + 1(l$은 음이 아닌 정수)라 하면,

$$a_j + \frac{n + j}{a_j} = \frac{a_j^2 + 3k + 2}{a_j} = \frac{3(m + k + 1)}{a_j}$$

이다. 따라서 모든 j에 대하여 $a_j + \dfrac{n}{a_j}$는 3의 배수이다. 그러므로 n의 모든 양의 약수의 합은 3의 배수이다. $\quad\square$

종합문제풀이 4.70 $p^q + q^p$이 소수가 되게 하는 소수의 순서쌍 (p, q)를 모두 구하여라.

풀이 : p, q가 모두 홀수인 소수이면 $p^q + q^p > 2$인 짝수가 되어 소수가 될 수 없으므로 p, q 중 하나는 2이다. $p = 2$이라고 가정하자. 그러면 $q = 3$일 때, $2^3 + 3^2 = 17$이 되어 소수가 된다. $q > 3$이라고 하자. 그러면 q는 소수이므로 양의 정수 k에 대하여 $6k \pm 1$의 꼴이다. 그러면

$$2^q + (6k \pm 1)^2 = 2^q + 36k^2 \pm 12k + 1$$

$$= (2^q + 1) + 3(12k^2 \pm 4k)$$

$$= (2 + 1)(2^{q-1} - 2^{q-2} + \cdots - 2 + 1) + 3(12k^2 \pm 4k)$$

이다. 따라서 $2^q + (6k \pm 1)^2$은 3의 배수가 되므로 소수가 될 수 없다. $(p, q) = (2, 3), (3, 2)$이다. □

종합문제풀이 4.71 $7^{7^{7^{.\,.\,.^{7}}}}$ (7이 1001개) 을 10으로 나눈 나머지를 구하여라.

풀이 : $\phi(10) = 4$이므로 $7^4 \equiv 1 \pmod{10}$이다. 또한, $7^{2k} \equiv 1 \pmod 4$, $7^{2k+1} \equiv 3 \pmod 4$이므로

$$7^{7^{7^{.\,.\,.^{7}}}} \equiv 3 \pmod 4 \quad \text{(7이 1000개)}$$

이다. 따라서

$$7^{7^{7^{.\,.\,.^{7}}}} \equiv 7^3 \equiv 3 \pmod{10} \quad \text{(7이 1001개)}$$

이다. □

종합문제풀이 4.72 1보다 큰 홀수 n에 대하여, $n \nmid (3^n + 1)$임을 증명하여라.

풀이 : 귀류법을 사용하자. $n \mid (3^n + 1)$을 만족하는 1보다 큰 홀수 n이 존재한다고 하자. p가 n의 가장 작은 소인수라고 하자. 그러면 $p \mid (3^n + 1)$이다. 즉, $3^n \equiv -1 \pmod p$이다. 따라서 $3^{2n} \equiv 1 \pmod p$이다. 페르마의 작은 정리에 의하여 $3^{p-1} \equiv 1 \pmod p$이다. 그러므로

$$3^{\gcd(2n, p-1)} \equiv 1 \pmod p$$

이다. p가 n의 가장 작은 소인수이므로, $\gcd(n, p-1) = 1$이다. n은 홀수이고, $p - 1$은 짝수이므로, $\gcd(2n, p-1) = 2$이다. 따라서 $3^2 \equiv 1 \pmod p$이다. 그런데 이것은 $p \mid 8$이 되어 모순이다. 그러므로 1보다 큰 홀수 n에 대하여, $n \nmid (3^n + 1)$이다. □

종합문제풀이 4.73 $2009^{2008^{2007}}$을 1000으로 나눈 나머지를 구하여라.

풀이 : $\phi(1000) = 400$이고, $2009^{2008^{2007}} \equiv 9^{2008^{2007}}$ (mod 1000)이다. 이제 2008^{2007}과 법 400에 대하여 합동인 수를 구하자. $400 = 16 \cdot 25$이고, $16 \mid 8^{2007} = 2^{6021}$이므로 $2^{6021} \equiv 16k$ (mod 400)를 만족하는 적당한 정수 k가 존재한다. 이것은 $2^{6017} \equiv k$ (mod 25)이다. 그런데, $\phi(25) = 20$이므로 오일러의 정리에 의하여,

$$2^3 k \equiv 2^3 \cdot 2^{6017} \equiv 2^{6020} \equiv 1 \quad (\text{mod } 25)$$

이다. 즉 $k \equiv 22$ (mod 25)이다. 그러므로

$$2008^{2007} \equiv 8^{2007} \equiv 2^{6021} \equiv 16k \equiv 352 \quad (\text{mod } 400)$$

이다. 따라서

$$2009^{2008^{2007}} \equiv 9^{2008^{2007}} \equiv 9^{352} \equiv (10-1)^{352} \quad (\text{mod } 1000)$$

이다. 이항정리에 의하여,

$$(10-1)^{352} \equiv \binom{352}{2} \cdot 10^2 - \binom{352}{1} \cdot 10 + 1^{352} \equiv 600 - 520 + 1 \equiv 81 \quad (\text{mod } 1000)$$

이다. 따라서 $2009^{2008^{2007}}$를 1000으로 나눈 나머지는 81이다. $\square$

종합문제풀이 4.74 (KMO, '2007) 양의 정수 2 또는 3으로 이루어진 수열 $a_1, a_2, \cdots, a_{2007}$에 대하여, 정수열 $x_1, x_2, \cdots, x_{2007}$이 다음 조건을 만족시킨다고 하자.

(i) 각각의 $i = 1, 2, \cdots, 2005$에 대하여 $a_i x_i + x_{i+2}$가 5의 배수이고,

(ii) $a_{2006} x_{2006} + x_1$과 $a_{2007} x_{2007} + x_2$도 5의 배수이다.

이 때, $x_1, x_2, \cdots, x_{2007}$이 모두 5의 배수임을 보여라.

풀이 : 조건 (i), (ii)를 다시 써보면, 조건에 의해, $i = 1, 2, \cdots, 2007$에 대하여

$$a_i x_i \equiv -x_{i+2} \quad (\text{mod } 5)$$

을 만족한다. 단, 조건 (ii)에 의해 $x_{2008} = x_1$, $x_{2009} = x_2$이다.

귀류법을 사용하자. x_1, x_2, $\cdots$, x_{2007} 중 5의 배수가 아닌 것이 존재한다고 하자. 그러면 $a_i \in \{2, 3\}$이고, x_k가 5의 배수가 아니라면, $a_k x_k$도 5의 배수가 아니고 x_{k+2} 역시 5의 배수가 아니다. 따라서 x_1, x_2, $\cdots$, x_{2007} 모두가 5의 배수가 아니다.

$i = 1, 2, \cdots, 2007$에 대하여

$$(a_1 x_1)(a_2 x_2) \cdots (a_{2007} x_{2007}) \equiv (-1)^{2007} x_1 x_2 \cdots x_{2007} \pmod{5}$$

을 만족하므로

$$a_1 a_2 \cdots a_{2007} \equiv -1 \pmod{5}$$

이다. 따라서

$$a_1^2 a_2^2 \cdots a_{2007}^2 \equiv 1 \pmod{5}$$

이다. 그런데, $a_i^2 \equiv -1 \pmod{5}$이고, 2007은 홀수이므로 모순이다. 따라서 x_1, x_2, $\cdots$, x_{2007} 은 모두 5의 배수이다. $\square$

종합문제풀이 4.75 (KMO, '2007) n이 양의 정수일 때, 서로 소인 양의 정수 a, b에 대하여, $a + b$와 $a^n + b^n$의 최대공약수를 구하여라.

풀이 :

(i) n이 홀수일 때, 즉 $n = 2k + 1$일 때,

$$a^n + b^n = a^{2k+1} + b^{2k+1}$$
$$= (a + b)(a^{2k} - a^{2k-1}b + \cdots - ab^{2k-1} + b^{2k})$$

이다. 따라서 $\gcd(a + b, a^n + b^n) = a + b$이다.

(ii) n이 짝수일 때, 즉 $n = 2k$일 때,

$$a^n + b^n = a^{2k} + b^{2k} = a^{2k} - b^{2k} + 2b^{2k}$$

에서, $a^{2k} - b^{2k}$은 $a + b$로 나누어 떨어진다. 따라서

$$\gcd(a + b, a^n + b^n) = \gcd(a + b, a^{2k} + b^{2k}) = \gcd(a + b, 2b^{2k})$$

이다. 그런데, a와 b가 서로 소이므로 $\gcd(a + b, 2b^{2k}) = \gcd(a + b, 2)$이다. 따라서 $\gcd(a + b, a^n + b^n) = 1$ 또는 2이다. 즉,

$$\gcd(a + b, a^n + b^n) = \begin{cases} 1, & a, b \text{ 중 하나는 짝수, 하나는 홀수일 때,} \\ 2, & a, b \text{ 모두 홀수일 때,} \end{cases}$$

이다.

따라서 (i), (ii)로 부터

$$\gcd(a + b, a^n + b^n) = \begin{cases} a + b, & n \text{이 홀수일 때,} \\ 1, & n \text{이 짝수이고, } a, b \text{ 중 하나는 짝수, 하나는 홀수일 때,} \\ 2, & n \text{이 짝수이고, } a, b \text{ 모두 홀수일 때,} \end{cases}$$

이다. $\square$

종합문제풀이 4.76 5보다 큰 소수 p에 대하여, $p - 4$는 어떤 정수의 네 제곱이 될 수 없음을 증명하여라.

풀이 : 귀류법을 사용하여 증명하자. $p - 4 = q^4$를 만족하는 정수 q가 존재한다고 하자. 그러면 $p = q^4 + 4$이고, $q > 1$이다. 따라서

$$p = q^4 + 4q^2 + 4 - 4q^2$$
$$= (a^2 + 2)^2 - (2q)^2$$
$$= (q^2 - 2q + 2)(q^2 + 2q + 2)$$

이다. 그런데, $q^2 - 2q + 2 = (q - 1)^2 + 1 > 1$이므로, p는 합성수이다. 즉, 주어진 가정에 모순된다. 따라서 5보다 큰 소수 p에 대하여, $p - 4$는 어떤 정수의 네 제곱이 될 수 없다. $\square$

종합문제풀이 4.77 양의 정수 n에 대하여, $\gcd(n! + 1, (n + 1)! + 1)$을 구하여라.

풀이 : 유클리드 호제법에 의하여,

$$\gcd(n! + 1, (n + 1)! + 1) = \gcd(n! + 1, (n + 1)! + 1 - (n + 1)(n! + 1))$$
$$= \gcd(n! + 1, n)$$
$$= 1$$

이다. □

종합문제풀이 4.78 (충남대 경시, '2005) 다음 식

$$7x^2 + 2 = y^3$$

을 만족하는 정수 x, y가 없음을 보여라.

풀이 : 귀류법을 사용하자. 주어진 방정식을 만족하는 정수 x, y가 존재한다고 가정하자. 그러면 $y^3 \equiv 0,\ 1,\ 6 \pmod 7$이므로 주어진 식의 좌변은 법 7에 대하여 2와 합동이고, 우변은 법 7에 대하여 0 또는 1, 또는 6과 합동이므로 같을 수 없다. 따라서 모순이다. 그러므로 주어진 방정식의 정수해는 존재하지 않는다. □

종합문제풀이 4.79 (RMO, '1995) $p^2 + 11$이 6개의 양의 약수를 가질 때, 이를 만족하는 소수 p를 모두 구하여라.

풀이 : $p \neq 3$이면 $p^2 \equiv 1 \pmod 3$이므로 $3 \mid (p^2 + 11)$이다. 비슷하게 $p \neq 2$이면 $p^2 \equiv 1 \pmod 4$이므로 $4 \mid (p^2 + 11)$이다. 따라서 $p \neq 2, 3$이면 $p^2 + 11$은 12의 배수이다. 그러므로 $p^2 + 11$은 최소한 6개의 양의 약수를 갖는다. 그런데, $p > 1$이면 $p^2 + 11 > 12$가 되므로 $p^2 + 11$의 양의 약수의 개수는 6개보다 많다. 그러므로 $p^2 + 11$가 6개의 양의 약수를 가질 수 있는

경우는 $p = 2$ 또는 3일 때이다. $p = 2$이면, $p^2 + 11 = 15$가 되어 4개의 양의 약수를 가진다. $p = 3$이면, $p^2 + 11 = 20$이 되어 6개의 양의 약수를 가진다. 따라서 구하는 답은 3이다.   □

종합문제풀이 4.80 (AIME, '1991) 실수 r에 대하여,

$$\left[r + \frac{19}{100}\right] + \left[r + \frac{20}{100}\right] + \cdots + \left[r + \frac{91}{100}\right] = 546$$

을 만족할 때, $[100r]$을 구하여라. 단, $[x]$는 x를 넘지 않는 최대의 정수이다.

풀이 : 좌변은 모두 73개의 항이고, 각 항의 값은 $[r]$ 또는 $[r] + 1$이다. 그런데, $73 \times 7 < 546 < 73 \times 8$이므로 $[r] = 7$이다. 또한, $546 = 73 \times 7 + 35$이므로 38개의 항의 값은 7이고, 35개의 항의 값은 8이다. 즉,

$$\left[r + \frac{56}{100}\right] = 7 \quad \text{이고,} \quad \left[r + \frac{57}{100}\right] = 8$$

이다. 이를 풀면, $7.43 \leq r < 7.44$가 된다. 따라서 $[100r] = 743$이다.   □

종합문제풀이 4.81 임의의 소수 p에 대하여, $p \mid (2^n - n)$를 만족하는 양의 정수 n이 무수히 많음을 증명하여라.

풀이 : $p = 2$일 때, n이 양의 짝수이면 $p \mid (2^n - n)$를 만족한다. 이제, 홀수인 소수 p에 대하여 살펴보자. 페르마의 작은 정리에 의하여 $2^{p-1} \equiv 1 \pmod{p}$이고, 이로 부터

$$2^{(p-1)2k} \equiv 1 \equiv (p-1)^{2k} \pmod{p}$$

임을 알 수 있다. k는 임의의 양의 정수이다. 그러므로 $n = (p-1)^{2k}$으로 잡으면 $p \mid (2^n - n)$를 만족한다. 따라서 임의의 소수 p에 대하여, $p \mid (2^n - n)$을 만족하는 양의 정수 n이 무수히 많이 존재한다.   □

종합문제풀이 4.82 (충남대 경시, '2007) x, y에 관한 방정식 $y^2 = 2029x^5 + 24$는 정수해를

갖지 않음을 보여라.

풀이 : 모든 정수 n에 대하여 n^2은 법 11에 대하여 $0, 1, 3, 4, 5, 9$와 합동이다. 그러므로 주어진 식의 좌변은

$$y^2 \equiv 0, 1, 3, 4, 5, 9 \quad (\text{mod } 11)$$

이다. 그런데, $n^5 \equiv 0, 1, 10 \ (\text{mod } 11)$이므로, 주어진 식의 우변은

$$2029x^5 + 24 \equiv 5x^5 + 2 \equiv 2, 7, 8 \quad (\text{mod } 11)$$

이 된다. 따라서 주어진 방정식을 만족하는 정수해는 존재하지 않는다. □

종합문제풀이 4.83 다음 수를 7로 나눈 나머지를 구하여라.

$$10^{10} + 10^{10^2} + 10^{10^3} + \cdots + 10^{10^{2009}}$$

풀이 : $\gcd(10, 7) = 1$이고, 7은 소수이므로, 페르마의 작은 정리에 의하여 $10^6 \equiv 1 \ (\text{mod } 7)$이다. 따라서 모든 양의 정수 k에 대하여 $10^k \equiv \underbrace{99\cdots96}_{9가\ k-1개} + 4 \equiv 4 \ (\text{mod } 6)$이다. 즉, $10^{10^k} \equiv 10^4$ $(\text{mod } 6)$이다. $7 \mid 2009$이므로,

$$10^{10} + 10^{10^2} + 10^{10^3} + \cdots + 10^{10^{2009}} \equiv 2009 \cdot 10^4 \equiv 0 \quad (\text{mod } 7)$$

이다. 따라서 $10^{10} + 10^{10^2} + 10^{10^3} + \cdots + 10^{10^{2009}}$을 7로 나눈 나머지는 0이다. □

종합문제풀이 4.84 1보다 큰 자연수 n이 $2^n - 2 \equiv 0 \ (\text{mod } n)$을 만족할 때, n을 유사소수(pseudo-prime number)라고 한다. 만약 n이 유사소수이면, $2^n - 1$도 유사소수임을 증명하여라.

풀이 : n이 유사소수이므로 $2^n - 2 = nk$를 만족하는 양의 정수 k가 존재한다. 따라서

$$2^{2^n-1} - 2 \equiv 2(2^{2^n-2} - 1) \equiv 2(2^{nk} - 1) \equiv 2((2^n)^k - 1) \equiv 0 \quad (\text{mod } 2^n - 1)$$

이다. 즉, $2^n - 1$은 유사소수이다. □

종합문제풀이 4.85 (아주대 경시, '2002) n은 3이상의 임의의 정수이다. 적당한 정수 x가 존재하여 $x^2 - k$가 2^n으로 나누어 떨어지는 홀수 k를 모두 구하여라.

풀이 : $x^2 \equiv k \pmod{2^n}$을 만족하는 짝수 x는 존재하지 않는다.

(i) $n = 3$일 때를 살펴보자. x가 홀수일 때, $x^2 \equiv 1 \pmod 8$이다. 따라서 k가 $k \equiv 1 \pmod 8$이면 $x^2 - k$는 2^3으로 나누어 떨어진다.

(ii) $n \geq 4$일 때를 살펴보자. $x^2 - k \equiv 0 \pmod{2^{n-1}}$을 만족하는 x가 존재한다고 하자. 그러면

$$(x + 2^{n-2}y)^2 - k = x^2 + 2^{n-1}xy + 2^{2n-4}y^2 - k = 2^{n-1}m + 2^{n-1}xy + 2^{2n-4}y^2$$

을 만족하는 정수 m이 존재한다. 이 때, x가 홀수이므로 $m + xy \equiv 0 \pmod 2$을 만족하는 y가 존재한다. 그러면 $n \geq 4$이므로 $2^{2n-4}y^2 = 2^n \cdot 2^{n-4}y^2$이 되어 2^n의 배수이다. 즉, $k \equiv 1 \pmod 8$인 모든 k에 대하여, $x^2 - k \equiv 0 \pmod{2^n}$이다.

따라서 (i), (ii)로 부터 구하는 k는 $k \equiv 1 \pmod 8$인 모든 k이다. □

종합문제풀이 4.86 $a_1, a_2, \cdots, a_{2008}$이 정수이고, $a_1 = a_{2008}$일 때,

$$(a_1 - a_2) + (a_2 - a_3)^2 + \cdots + (a_{2007} - a_{2008})^{2007}$$

이 짝수임을 증명하여라.

풀이 : x가 정수일 때, 모든 양의 정수 n에 대하여 $x^n \equiv x \pmod 2$이므로,

$$(a_1 - a_2) + (a_2 - a_3)^2 + \cdots + (a_{2007} - a_{2008})^{2007}$$
$$\equiv (a_1 - a_2) + (a_2 - a_3) + \cdots + (a_{2007} - a_{2008}) \pmod 2$$
$$\equiv a_1 - a_{2008} \equiv 0 \pmod 2$$

이다. 따라서 $(a_1 - a_2) + (a_2 - a_3)^2 + \cdots + (a_{2007} - a_{2008})^{2007}$는 짝수이다. $\square$

참고 문헌

[1] T. Andreescu, Z. Feng, **101 Problems in Algebra from the Training of the USA IMO Team**, Australian Mathematics Trust, 2001.

[2] T. Andreescu, **Mathematical Reflections, Issue 1 ∼ 6**, 2006.

[3] T. Andreescu, **Mathematical Reflections, Issue 1 ∼ 6**, 2007.

[4] T. Andreescu, **Mathematical Reflections, Issue 1 ∼ 6**, 2008.

[5] T. Andreescu, **Mathematical Reflections, Issue 1 ∼ 6**, 2009.

[6] T. Andreescu, **Mathematical Reflections, Issue 1 ∼ 6**, 2010.

[7] E. J. Barbeau, M. S. Klamkin, W. O. J. Moser, **Five Hundred Mathematical Challenges**, The Mathematical Association of America, 1997.

[8] Canadian Mathematical Society, **Crux Mathematicorum with Mathematical Mayhem, No 1 ∼ 8**, VOL 27, 2001.

[9] Canadian Mathematical Society, **Crux Mathematicorum with Mathematical Mayhem, No 1 ∼ 8**, VOL 28, 2002.

[10] Canadian Mathematical Society, **Crux Mathematicorum with Mathematical Mayhem, No 1 ∼ 8**, VOL 29, 2003.

[11] Canadian Mathematical Society, **Crux Mathematicorum with Mathematical Mayhem, No 1 ~ 8**, VOL 30, 2004.

[12] Canadian Mathematical Society, **Crux Mathematicorum with Mathematical Mayhem, No 1 ~ 8**, VOL 31, 2005.

[13] Canadian Mathematical Society, **Crux Mathematicorum with Mathematical Mayhem, No 1 ~ 8**, VOL 32, 2006.

[14] Canadian Mathematical Society, **Crux Mathematicorum with Mathematical Mayhem, No 1 ~ 8**, VOL 33, 2007.

[15] Canadian Mathematical Society, **Crux Mathematicorum with Mathematical Mayhem, No 1 ~ 8**, VOL 34, 2008.

[16] Canadian Mathematical Society, **Crux Mathematicorum with Mathematical Mayhem, No 1 ~ 8**, VOL 35, 2009.

[17] Canadian Mathematical Society, **Crux Mathematicorum with Mathematical Mayhem, No 1 ~ 8**, VOL 36, 2010.

[18] Canadian Mathematical Society, **Crux Mathematicorum with Mathematical Mayhem, No 1 ~ 8**, VOL 37, 2011.

[19] Canadian Mathematical Society, **Crux Mathematicorum with Mathematical Mayhem, No 1 ~ 8**, VOL 38, 2012.

[20] Canadian Mathematical Society, **Crux Mathematicorum with Mathematical Mayhem, No 1 ~ 8**, VOL 39, 2013.

[21] Canadian Mathematical Society, **Crux Mathematicorum with Mathematical Mayhem, No 1 ~ 8**, VOL 40, 2014.

[22] Canadian Mathematical Society, **Crux Mathematicorum with Mathematical Mayhem, No 1 ~ 8**, VOL 41, 2015.

[23] Canadian Mathematical Society, **Crux Mathematicorum with Mathematical Mayhem, No 1 ~ 8**, VOL 42, 2016.

[24] Canadian Mathematical Society, **Crux Mathematicorum with Mathematical Mayhem, No 1 ~ 8**, VOL 43, 2017.

[25] Canadian Mathematical Society, **Crux Mathematicorum with Mathematical Mayhem, No 1 ~ 8**, VOL 44, 2018.

[26] T. Andreescu, G. Dospinescu, 신인숙, 이주형 옮김, **책으로부터의 문제 (PLOBLEMS FROM THE BOOK, 한국어판)**, 씨실과날실, 2010.

[27] T. Andreescu, Z. Feng, 이주형 옮김, **101 대수(101 Problems in Algebra from the Training of the USA IMO Team, 한국어판)**, 씨실과날실, 2009.

[28] V. V. Prasolov, 한인기 옮김, **대수·기초해석·조합의 탐구문제들 (상)**, 교우사, 2006.

[29] V. V. Prasolov, 한인기 옮김, **대수·기초해석·조합의 탐구문제들 (하)**, 교우사, 2006.

[30] KAIST 수학문제연구회, **수학올림피아드 셈본 중학생 초급**, 셈틀로미디어, 2003.

[31] KAIST 수학문제연구회, **수학올림피아드 셈본 중학생 중급**, 셈틀로 미디어, 2003.

[32] KAIST 수학문제연구회, **수학올림피아드 셈본 중학생 고급**, 셈틀로 미디어, 2003.

[33] 고봉균, **Baltic Way 팀 수학경시대회**, 셈틀로미디어, 2006.

[34] 고봉균, **셈이의 문제해결기법**, 셈틀로미디어, 2004.

[35] 대한수학회 올림피아드 편집위원회, **고교수학경시대회 기출문제집 1권**, 좋은책, 2002.

[36] 대한수학회 올림피아드 편집위원회, **고교수학경시대회 기출문제집 2권**, 좋은책, 2002.

[37] 대한수학회 올림피아드 편집위원회, **고교수학경시대회 기출문제집 3권**, 좋은책, 2002.

[38] 대한수학회 올림피아드 편집위원회, **고교수학경시대회 기출문제집 4권**, 좋은책, 2003.

[39] 대한수학회 올림피아드 편집위원회, **전국주요대학주최 고교수학경시대회**, 도서출판 글맥, 1999.

[40] 류한영, 강형종, 이주형, **한국수학올림피아드 모의고사 및 풀이집**, 도서출판 세화, 2007.

[41] 서울대학교 국정도서편찬위원회, **고등학교 고급수학**, 교육인적자원부, 2003.

[42] 중국 사천대학, 최승범 옮김, **중학생을 위한 올림피아드 수학의 지름길 - 중급 (상)**, 씨실과날실, 2009.

[43] 중국 사천대학, 최승범 옮김, **중학생을 위한 올림피아드 수학의 지름길 - 중급 (하)**, 씨실과날실, 2009.

[44] 중국 사천대학, 최승범 옮김, **고등학생을 위한 올림피아드 수학의 지름길 - 고급 (상)**, 씨실과날실, 2009.

[45] 중국 사천대학, 최승범 옮김, **고등학생을 위한 올림피아드 수학의 지름길 - 고급 (하)**, 씨실과날실, 2009.

[46] 중국 북경교육대학교, 박상민 옮김, **올림피아드 수학의 지름길 - 실전/ 종합(상)**, 씨실과날실, 2009.

[47] 중국 북경교육대학교, 박상민 옮김, **올림피아드 수학의 지름길 - 실전/ 종합(하)**, 씨실과날실, 2009.

[48] 중국 인화학교, 조해 옮김, **올림피아드 중등수학 베스트 1단계**, 씨실과 날실, 2017.

[49] 중국 인화학교, 조해 옮김, **올림피아드 중등수학 베스트 2단계**, 씨실과 날실, 2017.

[50] 중국 인화학교, 조해 옮김, **올림피아드 중등수학 베스트 3단계**, 씨실과 날실, 2017.

찾아보기

$\phi(m)$, 116

$\sigma(n)$, 35

$\tau(n)$, 35

a is congruent to b mod m, 107

a는 법 m에 대하여 b와 합동이다, 107

a의 법 m에 대한 잉여역수, 107

p-지수, 61

2차 비잉여, 134

2차 잉여, 134

common divisor, 16

common multiple, 16

composite, 33

Division Algorithm, 17

divisor, 7

Euclid, 33

Euclidean Algorithm, 20

Euler's Theorem, 117

factor, 7

Fermat's Little Theorem, 126

Fundamental Theorem of Arithmetic, 35

greatest common divisor, 16

KMO, '2020, 49

least common multiple, 16

Legendre symbol, 134

Mathematical Induction, 1

modular, 107

multiple, 7

non-quadratic residue, 134

pairwise relatively prime, 129

particular solution, 51

prime, 33

pseudo-prime number, 254, 298

quadratic residue, 134

quotient, 17

relatively prime, 16

remainder, 17

The Chinese Remainder Theorem, 129

Wilson's Theorem, 124

가우스 판정법, 136

가우스 함수, 54

가우스의 상호법칙, 136

공배수, 16

공약수, 16

기약 잉여계, 117

나눗셈 정리, 17

나머지, 17

르장드르 기호, 134

몫, 17

배수, 7

법, 107

산술의 기본정리, 35

서로 소, 16

소수, 33

수학적 귀납법의 원리, 1

쌍마다 서로 소, 129

약수, 7

양의 약수의 개수, 35, 36

양의 약수의 총합, 36

양의 약수의 합, 35

오일러 판정법, 136

오일러(Euler)의 ϕ-함수, 116

오일러의 정리, 117

완전 잉여계, 117

윌슨의 정리, 124

유사소수, 254, 298

유클리드, 33

유클리드 호제법, 20

인수, 7

일차 디오판틴 방정식, 51

중국인의 나머지 정리, 129

최대공약수, 16

최대공약수의 성질, 19

최대정수함수, 54

최소공배수, 16

특이해, 51

페르마의 작은 정리, 126

합성수, 33